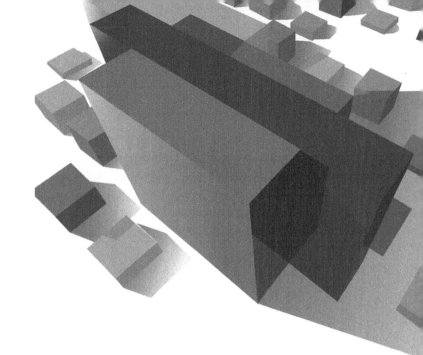

 中等职业教育国家级示范学校校企合作建设成果

装配钳工项目案例

应用教程

主　编　梁炳新

副主编　汪佑思　钟远明

参　编　胡伟锋　罗丽娟　彭伟婷

华中科技大学出版社
http://www.hustp.com
中国·武汉

内 容 简 介

本书是适应中等职业学校"工学结合一体化"的培养模式,满足以提高学生的综合能力为教学目标的教学改革需要而编写的。本书以任务驱动课程模式理念为指导,以职业活动为主线,通过任务加强技能训练。

本书采用项目、任务的形式编写,按照"由简单到复杂,由单一到综合,循序渐进"的原则设计了 8 个教学任务。全书主要内容包括刮削、调整块装配、带轮架装配、O 形密封圈装配、链传动机构装配、齿轮传动机构装配、车床尾座装配和箱体零件装配共 8 个任务。

本书可作为中等职业学校装配钳工课程的教材,也可供有关工程技术人员参考。

图书在版编目(CIP)数据

装配钳工项目案例应用教程/梁炳新主编.—武汉:华中科技大学出版社,2019.9(2024.1重印)
ISBN 978-7-5680-5705-9

Ⅰ.①装… Ⅱ.①梁… Ⅲ.①安装钳工-技术培训-教材 Ⅳ.①TG946

中国版本图书馆 CIP 数据核字(2019)第 219618 号

装配钳工项目案例应用教程
Zhuangpei Qiangong Xiangmu Anli Yingyong Jiaocheng
梁炳新 主编

策划编辑:王红梅
责任编辑:王红梅
封面设计:秦 茹
责任校对:刘 竣
责任监印:徐 露
出版发行:华中科技大学出版社(中国·武汉) 电话:(027)81321913
 武汉市东湖新技术开发区华工科技园 邮编:430223
录 排:武汉市洪山区佳年华文印部
印 刷:武汉邮科印务有限公司
开 本:787mm×1092mm 1/16
印 张:6.5
字 数:163 千字
版 次:2024 年 1 月第 1 版第 2 次印刷
定 价:28.80 元

 前 言

为落实国务院关于《国家职业教育改革实施方案》中提出的"知行合一、工学结合"的教育教学指导思想,同时也为了进一步加强精品课程的建设工作,编者根据多年的教学经验,借鉴一线从业人员的实践经验,编写了本书。本书采用项目、任务的形式编写,按照"由简单到复杂,由单一到综合,循序渐进"的原则设计了8个教学任务,实用性和可操作性较强。

本书具有以下特点。

(1)围绕职业能力目标确定学习任务,以学习任务为引导,学材源于实际;按照工作过程组织教学内容,"教、学、做"相结合。

(2)以学生为本,注重技能的养成。本书内容从基本操作技能入手,从工量具使用、设备操作到装调工艺,循序渐进,结构合理,教学目标明确。

(3)以任务为载体,把相关的知识点和技能点融入任务的各个环节,确定任务的实施方案,然后进行任务实施。在任务实施过程中引导学生主动探究,培养学生发现问题、解决问题的能力。任务完成后,安排任务评价环节,以解决任务实施过程中出现的问题。最后,通过对

问题的深化,对知识广度和深度的拓展,达到学习知识、培养能力的目的。

(4) 以人才培养为目标,营造仿真环境,同时结合职业岗位培训特点,实用性和可操作性较强。

本书由广州市黄埔职业技术学校梁炳新担任新主编;汪佑思、钟远明担任副主编;胡伟锋、罗丽娟、彭伟婷、梁明兴等参与编写工作。具体分工如下:任务一、任务二由汪佑思编写,任务三由胡伟锋编写,任务四、任务五由梁炳新编写,任务六、任务七由钟远明编写,任务八由罗丽娟和彭伟婷编写,梁明兴负责校对和绘图。卢振标老师对本书的编写提供了很多宝贵意见,在此表示感谢!另外本书在编写过程中,得到了所在单位领导和相关老师的大力支持,在此一并表示衷心的感谢!

由于编者水平有限,书中难免存在疏漏或不妥之处,敬请读者谅解和指正。请将反馈意见发至邮箱173069741@qq.com。

编 者

2019 年 5 月

目 录

刮　削

刮削是机械制造和修理中最终精加工各种成形面的一种重要方法。刮削是指用刮刀在加工过的工件表面上刮去少量金属,以提高工件表面形状精度、改善配合表面间接触状况的钳工作业。通过刮削任务,初步掌握刮削的方法,理解刮削原理和步骤,掌握正确的动作要领。同时,要重视刮刀的刃磨、修磨,刮刀的正确刃磨是提高刮削速度、保证刮削精度的重要条件。

 任务引入

按图 1-1 所示的图样要求,制定刮削工艺并填写在表 1-1 中;使用常用平面刮削工具,按照技术要求完成工件的刮削。

（a）刮削实物图

图 1-1　刮削实物及图样

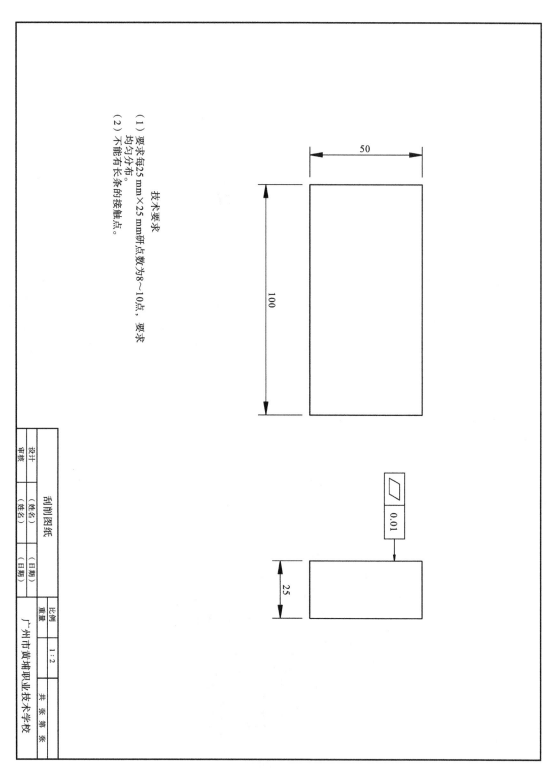

技术要求

（1）要求每25 mm×25 mm研点点数为8～10点，要求均匀分布。

（2）不能有长条的接触点。

刮削图纸		比例	1:2	广州市黄埔职业技术学校
设计	（姓名）（日期）	重量		
审核	（姓名）（日期）		共 张 第 张	

（b）刮削图样

续图 1-1

表 1-1 工序卡

广州市黄埔职业技术学校		刮削工艺过程卡片	产品型号		零件图号		共 1 页
			产品名称		零件名称		第 1 页
工序号		车间		工段		设备	工序工时
工步号	工序名称	工步内容		工艺装备	辅助材料		额定工时/min
1							
2							
3							
4							
5							
6							
7							
8							
					设计（日期）	审核（日期）	标准化（日期）	会签（日期）
标记	处数	更改文件号	签字	日期	标记	处数	更改文件号	签字	日期				

 工艺分析

刮削是用刮刀刮除工件表面薄层材料的加工方法,刮削加工属于精加工。通过刮削加工后的工件表面,由于多次反复地受到刮刀的推挤和压光作用,工件表面材料的组织变得比原来紧密,并得到较小的表面粗糙度。具体分析如下:

(1)通过粗刮、细刮、精刮达到技术要求规定的研点数;

(2)图样中需刮削的平面尺寸为 100 mm×50 mm,平面尺寸较小,需合理选择刮削方法;

(3)由于刮削余量较少,注意掌握工件的实际误差情况,并选择合理的部位进行修整。

 任务实施

1. 刮削前准备

刮削需要使用的工、量具如表 1-2 所示。

表 1-2　刮削工、量具清单

序号	名　称	规　格	精　度	备　注
1	平面刮刀	挺刮刀/T12A		
2	平板锉刀	40 mm		
3	红丹粉			
4	全损耗系统用油			
5	检验框	25 mm×25 mm		
6	毛刷	10 mm		
7	百分表	0～10 mm	0.01 mm	

2. 刮削要求

刮削工件按刮削图样进行刮削,正确使用刮削工具,使工件达到图样的要求。刮削要求如下。

（1）粗刮：用粗刮刀在刮削面上均匀地铲去一层较厚的金属，用于去除加工余量、锈斑、刀痕等。粗刮时每刀的刮削量要大，刮削要有力，采用连续推铲法，刀迹要连成长片。

（2）细刮：用细刮刀在刮削面上刮去稀疏的大块研点（俗称破点），用于进一步改善不平现象。细刮时采用短刮法，刀迹宽而短。随着研点的增多，刀迹逐步缩短。

（3）精刮：用精刮刀更仔细地刮削研点，用于增加研点，改善表面质量，使刮削面符合精度要求。精刮时采用点刮法，刀迹长度约为 5 mm。刮削面越窄小，精度要求越高，刀迹越短。

（4）每 25 mm×25 mm 研点数不少于 8 个，要求均匀分布。

（5）不能有长条形的接触痕迹。

3. 刮削注意事项

刮削过程中，应规范操作，正确使用工、量具，并严格执行 5S 要求。刮削需要的注意事项如下：

（1）操作姿势要正确，落刀和起刀位置正确合理，防止梗刀；

（2）刮刀柄应该安装可靠，防止木柄破裂，使刮刀柄端穿过木柄伤人；

（3）刮削工件边缘时，不可用力过猛，以免失控发生事故；

（4）刮刀使用完毕，刀头部位应用纱布包裹，妥善放置；

（5）正确使用砂轮和磨石，防止出现局部凹陷，降低使用寿命。

4. 刮削质量检测与任务评价

1）刮削质量检测

刮削完成后，其质量检测配分情况如表 1-3 所示。

表 1-3　刮削质量检测配分表

序号	检测项目	要　求	分值	得　分	备　注
1	着色点数	任意 25 mm×25 mm 内不少于 8 个点	20		
2	着色点形状	无长条和大块接触痕迹	10		
3	表面无划伤刀纹	接触点大小相对均匀	10		
4	总得分		40		

2）任务评价

完成刮削任务，综合评价如表 1-4 所示。

表 1-4　刮削任务综合评价表

学生姓名：　　　　　　班级：　　　　　　学号：

序号	考核项目		配　分	自　评	互　评	师　评
1	软技能	积极心态	2			
		职业行为	2			
		团队合作 沟通能力 时间管理 学习能力	6			
2	知识运用		5			
3	站立姿势、手握刮刀姿势		10			
4	用力得当		10			
5	刮削检查	详见刮削质量 检测表	40			
6	刮削思维	执行工艺	5			
		发现问题	5			
		优化方案	5			
7	5S 执行情况		5			
8	安全文明生产		5			
9	合计		100			

 知识链接

　　刮削是指用刮刀在加工过的工件表面上刮去少量金属，以提高表面形状精度、改善配合工件表面之间接触状况的钳工作业。刮削是机械制造和修理中最终精加工各种形状表面（如机床导轨面、连接面、轴瓦、配合球面等）的一种重要方法。刮削真正的作用是提高互动配合零件之间的配合精度和改善存油条件，刮削运动的同时工件之间研磨挤压对工件表面的硬度有一定的提高，刮削后留在工件表面的小坑可存油，从而使配合工件在往复运动时有足够的润滑不致过热而引起拉毛现象。

1. 刮削工具

（1）刮刀：刮刀是刮削的主要工具。刮削时，由于工件的形状不同，要求刮刀有不同的形式，一般分为平面刮刀和曲面刮刀两类。

平面刮刀主要用来刮削平面，如平板、平面导轨、工作台等，一般采用 T12A 钢制成。当工件表面较硬时，也可以焊接高速工具钢或硬质合金的刮刀刀头。常用的平面刮刀有直头刮刀和弯头刮刀两种，如图 1-2 所示。

（a）直头刮刀　　　　　　　　　（b）弯头刮刀

图 1-2　平面刮刀

曲面刮刀主要用来刮削内曲面，如滑动轴承内孔等。曲面刮刀有多种形状，如三角刮刀、柳叶刮刀和蛇头刮刀，如图 1-3 所示。

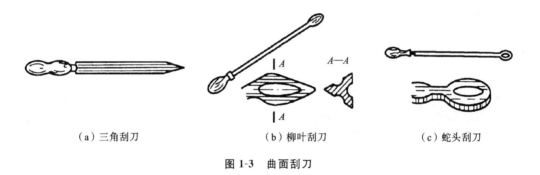

（a）三角刮刀　　　　　　　（b）柳叶刮刀　　　　　　　（c）蛇头刮刀

图 1-3　曲面刮刀

（2）校准工具：校准工具是用来推磨研点和检查被刮面准确性的工具，也称研具。常用的研具有校准平板（通用平板）、校准直尺、直角直尺，以及根据被刮面的形状设计制造的专用校准型板等，如图 1-4 所示。

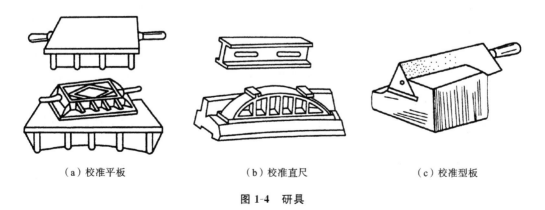

（a）校准平板　　　　　　　　（b）校准直尺　　　　　　　（c）校准型板

图 1-4　研具

（3）显示剂：工件和校准工具对研时所加的涂料称为显示剂，其作用是显示工件误差的位置和大小。

① 显示剂的种类有红丹粉和蓝油。

红丹粉分铅丹（呈橘红色）和铁丹（氧化铁，呈褐红色）两种，颗粒较细，用机油调和后使用，广泛用于钢和铸铁工件。

蓝油是用蓝粉、蓖麻油及适量全损耗系统用油调和而成的，呈深蓝色，其研点小而清楚，多用于精密工件和有色金属及其合金的工件。

② 显示剂的用法：刮削时，显示剂可以涂在工件表面上，也可以涂在校准件上。前者在工件表面着色，显示的结果是红底黑点，没有闪光，容易看清楚，适用于精刮工艺；后者只在工件表面的高处着色，研点暗淡，不易看清，但切屑不易黏附在切削刃上，刮削方便，适用于粗刮工艺。

调和显示剂时要注意：用于粗刮工艺的显示剂可调得稀一些，这样在刀痕较多的工件表面上便于涂抹，显示的研点也大；用于精刮工艺的显示剂应调得稠一些，涂抹要薄而均匀，这样显示的研点细小，否则研点会模糊不清。

（4）显点的方法：显点的方法根据刮削面的不同形状和大小而有所区别。图 1-5 所示的为平面与曲面的显点方法。

（a）平面显点方法　　　　　　　　　　　　　　　（b）曲面显点方法

图 1-5　平面与曲面的显点方法

① 中小型工件的显点：一般是校准平板固定不动，工件被刮面在平板上推研，推研时压力要均匀，以避免显示失真。如果工件被刮面小于平板面，推研时最好不要超出平板；如果被刮面等于或稍大于平板面，则允许工件超出平板，但超出部分应小于工件长度的 1/3。推研应在整个平面上进行，以防平板局部磨损。

② 大型工件的显点：将工件固定，平板在工件的被刮面上推研。推研时，平板超出工件被刮面的长度应小于平板长度的 1/5。对于面积大、刚度差的工件，平板的重量要尽可能减小，必要时还要采取卸荷推研。

③ 形状不对称工件的显点：推研时应在工件某个部位托或压，如图 1-5 所示，但用力的大小要适当、均匀。

显点时应注意：如果两次显点的结果有矛盾，应分析原因，认真检查推研方法，谨慎处理。

2．平面刮削

平面刮削有单个平面刮削（台平板、工作平台等）和组合平面刮削（如 V 形异轨燕尾槽面等）两种。

平面刮削一般要经过粗刮、细刮、精刮和刮花等过程，其刮削步骤及要求如表 1-5 所示。

表 1-5 平面刮削步骤及要求

类 别	目 的	方 法	研点数 （25 mm×25 mm）
粗刮	用粗刮刀在刮削面上均匀地铲去一层较厚的金属。目的是去除余量、锈斑、刀痕	采用连续推铲法，刀迹要连成长片	2～3 点
细刮	用细刮刀在刮削面上刮去稀疏的大块研点（俗称破点）。目的是进一步改善不平现象	采用短刮法，刀迹宽而短。随着研点的增多，刀迹逐步缩短	12～15 点
精刮	用精刮刀仔细地刮削研点（俗称摘点）。目的是增加研点，改善表面质量，使刮削面符合精度要求	采用点刮法，刀迹长度约为 5 mm。刮削面越窄小，精度要求越高，刀迹越短	大于 20 点
刮花	在刮削面或机器外观表面上刮出装饰性花纹，既使刮削面美观，又改善了润滑条件		

平面刮削是强体力劳动。从刮削动作和姿势可分为手刮和挺刮两种，其方法和特点如表 1-6 所示；其刮削姿势如表 1-7 所示。

表 1-6 平面刮削方法和特点

方法	特 点	应 用
手刮	操作方便，动作灵活，对刮刀长度要求不高，但要有较大臂力	各种工作位置且加工余量较小的工件
挺刮	要求有较开阔的工作场地，刮刀柄所处位置距刮削平面约 150 mm 为宜，能借助腿部和腰部的力量加大刮削量，工作效率高	加工余量较大的工件

表 1-7　平面刮削姿势

方法	简　图	说　明
手刮法		右手握刀柄，左手四指向下握住距刮刀头部 50～70 mm 处。左手靠小拇指掌部贴在刀背上，刮刀与刮削面成 25°～30°，左脚向前跨一步，上身前倾，身体重心靠向左腿。刮削时让刀头找准研点，身体重心往前送的同时，右手跟进刮刀；左手下压，落刀要轻并引导刮刀前进方向；左手随着研点被刮削的同时，以刮刀的反弹作用力迅速提起刀头，刀头提起高度为 5～10 mm
挺刮法		将刮刀柄顶在小腹右下部肌肉处，左手在前，手掌向下；右手在后，手掌向上，在距刮刀头部约 80 mm 处握往刀身。刮削进刀头对准研点，左手下压，右手控制刀头方向，利用腿部和臂部的合力往前推动刮刀；随着研点被刮削的瞬间，双手利用刮刀的反弹作用力迅速提起刀头，刀头提起高度约为 10 mm

任务二

调整块装配

机械装配中,紧固件是装配时不可缺少的零件之一,主要用于两部件连接,其质量及其正确操作对装配产品的结构刚度起着重要作用;同时,紧固件的装配对零件的校准起到了重要的作用。调整块装配任务是典型的螺纹固定连接装配任务,通过典型装配案例,初步学会装配工艺分析及制定装配流程,根据装配流程,进行调整块的装配,要求连接螺纹紧固可靠,正确使用测量量具,调整装配块达到图样上的尺寸精度、直线度及平行度要求。

 任务引入

按图 2-1 所示调整块装配的要求,制定装配工艺,并填写在表 2-1 中;规范完成该项目装配任务。任务装配完成后,螺纹连接紧固,位置、尺寸等符合图样要求。

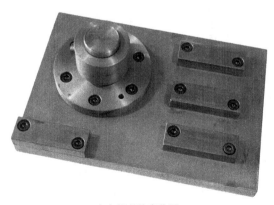

（a）调整块实物图

图 2-1　调整块装配实物与图样

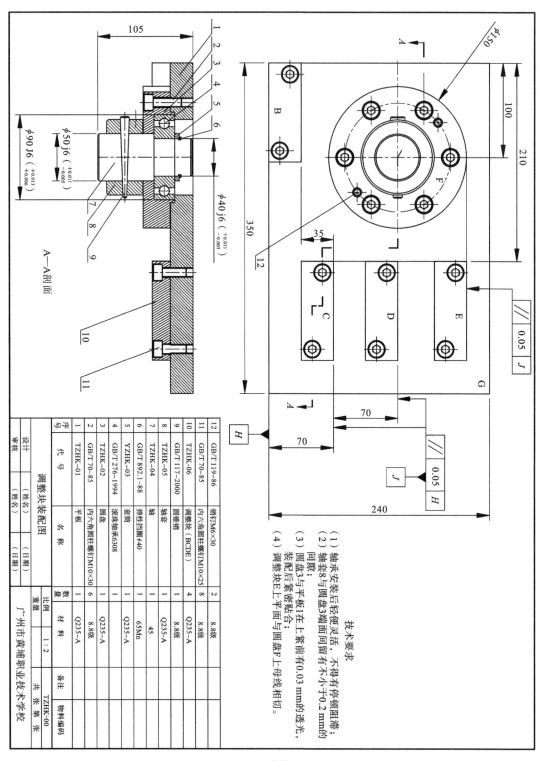

技术要求
（1）轴承安装后轻便灵活，不得有停顿阻滞；
（2）轴套8与圆盘3端面间留有不小于0.2 mm的间隙；
（3）圆盘3与平板1在上紧前有0.03 mm的透光，装配后紧密贴合；
（4）调整块E上平面与圆盘F上母线相切。

厚号	代 号	名 称	数量	材 料	备注
12	GB/T119-86	销钉M6×30	2		
11	GB/T70-85	内六角圆柱螺钉M10×25	8	8.8级	
10	TZHK-06	调整块（BCDE）	4	Q235-A	
9	GB/T 117-2000	圆锥销	1	8.8级	
8	TZHK-05	轴套	1	Q235-A	
7	TZHK-04	轴	1	45	
6	GB/T 892.1-88	弹性挡圈φ40	1	65Mn	
5	YZHK-03	套筒	1	Q235-A	
4	GB/T 276-1994	滚珠轴承6308	1		
3	TZHK-02	圆盘	1	Q235-A	
2	GB/T70-85	内六角圆柱螺钉M10×30	6	8.8级	
1	TZHK-01	平板	1	Q235-A	

调整块装配图			比例	1：2	广州市黄埔职业技术学校
设计	（姓名）	（日期）	重量		
审核	（姓名）	（日期）			共 张 第 张
					TZHK-00 物料编码

（b）调整块装配图样

续图 2-1

表 2-1 工序卡

广州市黄埔职业技术学校		调整块装配工艺过程卡片	产品型号		零件图号		共 1 页
			产品名称		零件名称		第 1 页
工序号		车间		工段		设备		工序工时	
工步号	工序名称	工步内容	工艺装备	辅助材料	额定工时/min
1					
2					
3					
4					
5					
6					
7					
8					

								设计(日期)	审核(日期)	标准化(日期)	会签(日期)
标记	处数	更改文件号	签字	日期	标记	处数	更改文件号	签字	日期			

 工艺分析

调整块装配是将 4 个小调整块(B、C、D、E)和 1 个平板(G)使用内六角圆柱螺栓,按图样尺寸要求紧固在平板上。具体分析如下。

(1) 小调整块(B 块)通过内六角圆柱螺栓装配至平板指定位置,B 块的左端面要求与平板水平面垂直面对齐。

(2) 小调整块(C 块)装配至平板指定位置。其中 C 块的左端面与平板左端面的间距尺寸为 210 mm;C 块的上端面与平板下端面的间距尺寸为 70 mm,C 块的上端面与平板下端面有平行度 0.05 mm 的公差要求。

(3) 小调整块(D 块)装配至平板指定位置。其中 D 块的左端面与平板左端面的间距尺寸为 210 mm;D 块的上端面与 C 块的上端面的间距尺寸为 70 mm,D 块的上端面与平板下端面有平行度 0.05 mm 的公差要求。

(4) 小调整块(E 块)装配至平板指定位置。其中 E 块的左端面与平板左端面的间距尺寸为 210 mm。

(5) 圆盘(F 块)装配至平板指定位置。其中 F 块的圆心与平板左端面的间距尺寸为 100 mm。

任务实施

1. 装配前准备

1) 工、量具准备

调整块装配,需要使用的工、量具如表 2-2 所示。

表 2-2   调整块装配工、量具清单

序号	名　称	规　格	精　度	备　注
1	游标卡尺	0~150 mm、0~300 mm	0.01 mm	
2	刀口直尺	125 mm、150 mm	1 级	
3	直角尺	100 mm×80 mm	1 级	
4	塞尺	0.01~1 mm		

续表

序号	名　　称	规　　格	精　　度	备　　注
5	内六角扳手	9 件		套装
6	橡胶锤	500 g		
7	平板锉刀	8 寸		
8	百分表(含表座)	0～10 mm	0.01 mm	
9	杠杆百分表(含表座)	0～0.8 mm	0.01 mm	
10	测力扳手	扭力范围 0～300 N·m		指针式

2）装配部件修整与清洗

检查各装配部件,除去毛刺,对有缺陷的装配部件,利用锉刀修锉缺陷部位。修整完成后,擦拭、清理各装配部件,并按 5S 要求进行分区摆放,做好相应的防护措施。

2. 装配要求

按装配工序卡进行装配,并按装配要求调整相应的装配件,达到图样上要求的位置精度、尺寸精度。调整块装配要求如下。

(1) 小调整块(B 块)装配:定位、装配至相应位置,对应相应编号。

(2) 小调整块(C 块)装配:定位、装配至相应位置,对应相应编号。

(3) 小调整块(D 块)装配:定位、装配至相应位置,对应相应编号。

(4) 小调整块(E 块)装配:定位、装配至相应位置,对应相应编号。

(5) 圆盘(F 块)装配:定位、装配至相应位置,对应相应编号。

(6) 圆盘与轴套两端面的间隙不小于 0.2 mm。

(7) 装配前,平板与圆盘两端面的间隙有 0.03 mm 的透光,装配后能紧密贴合。

3. 装配注意事项

装配过程中,应规范操作,正确使用工、量具,并严格执行 5S 要求。调整块装配需要的注意事项如下:

(1) 注意装配调整块字码符号与平板符号对应一致;

(2) 进行调整作业时,注意敲击工具的使用,切勿用铁锤等敲击;

(3) 装配检查螺纹孔内螺纹旋转是否顺畅。

4. 装配质量检测与任务评价

1）装配质量检测

调整块装配完成,其装配质量检测配分情况如表 2-3 所示。

表 2-3　调整块装配质量检测配分表

序号	检测项目	要　求	分值	得　分	备　注
1	小调整块字码与平板对应位置	小调整块字码应对应平板字码,对应位置错误一处扣3分	12		
2	小调整块(C块)与平板边距70 mm	达到图样要求	2		
3	小调整块(C块)与平板平行度要求	达到图样要求	4		
4	小调整块(C块)与小调整块D间距70 mm	达到图样要求	2		
5	小调整块(D块)与平板平行度要求	达到图样要求	4		
6	小调整块(E块)与小调整块(D块)平行度要求	达到图样要求	4		
7	小调整块(E块)上平面与圆盘(F块)上母线相切	达到图样要求	4		
8	螺钉拧紧力矩	旋紧力度达到60 N·m	8		
9	总得分		40		

2) 任务评价

完成装配任务,其综合评价如表 2-4 所示。

表 2-4　装配任务综合评价表

学生姓名:　　　　　　班级:　　　　　　学号:

序号	考核项目		配　分	自　评	互　评	师　评
1	软技能	积极心态	2			
		职业行为	2			
		团队合作沟通能力时间管理学习能力	6			

续表

序号	考核项目		配 分	自 评	互 评	师 评
2	知识运用		5			
3	装配工艺的编制		10			
4	装配技能		10			
5	装配检查	详见调整块装配质量检测表	40			
6	装配思维	执行工艺	5			
		发现问题	5			
		优化方案	5			
7	5S执行情况		5			
8	安全文明生产		5			
9	合计		100			

 知识链接

螺纹连接是一种可拆的固定连接,它具有结构简单、连接可靠、装拆方便等优点,在机械中应用广泛。螺纹连接分普通螺纹连接和特殊螺纹连接两大类,由螺栓、双头螺柱或螺钉构成的连接称为普通螺纹连接,除此以外的螺纹连接称为特殊螺纹连接,如图 2-2 所示。

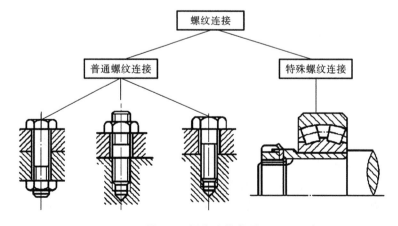

图 2-2　螺纹连接类型

1. 螺纹预紧

螺纹连接为达到连接可靠和紧固的目的,要求螺纹牙间有一定的摩擦力矩,所以螺纹连接装配时应有一定的拧紧力矩,纹牙间产生足够的预紧力。拧紧力矩或预紧力的大小是根据要求确定的,一般紧固螺纹连接无预紧力要求。采用普通扳手、风动或电动扳手拧紧。规定预紧力的螺纹连接,常用控制扭矩法、控制扭角法、控制螺栓伸长法来保证准确的预紧力。控制扭矩法用测力扳手或定扭矩扳手控制拧紧力矩的大小,使预紧力达到给定值,方法简便,但误差较大,适用于中、小型螺栓的紧固。

常用测力扳手如图 2-3 所示,它有一个长的弹性扳手柄,一端装有手柄,另一端装有带方头的柱体。方头上,套装一个可更换的梅花套筒(可用于拧紧螺钉或螺母)。柱体上还装有一个长指针,刻度盘固定在柄座上。工作时,由于扳手杆和刻度盘一起向旋转的方向弯曲,因此指针的旋转就可保存刻度盘上,用于显示拧紧力矩的大小。

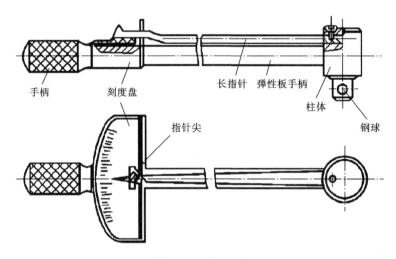

图 2-3　测力扳手

2. 螺纹连接的装配工具

由于螺栓、螺柱和螺钉的种类繁多,螺纹连接的装拆工具也很多,使用时应根据具体情况合理选用。

1）扳手

扳手是用来旋紧六角头螺钉、正方头螺钉和各种螺母的工具,常用工具钢、合金钢或可锻铸铁制成。它的开口处要求光整、耐磨。扳手分为通用、专用和特殊三类。

通用扳手也称活动扳手或活扳子,如图 2-4 所示。

专用扳手只能扳一种尺寸的螺母或螺钉,根据其用途的不同可分为开口扳手、整体扳手、套筒扳手、锁紧扳手和内六角扳手等。

（1）开口扳手:开口扳手用于装拆六角头或方头的螺母或螺钉,有单头和双头之分。它的

图 2-4　活动扳手

开口尺寸是与螺母或螺钉头的对边间距的尺寸相适应的,并根据标准尺寸做成一套。常用十件一套的双头扳手两端开口尺寸(单位为 mm)分别为:5.5×7、8×10、9×11、12×14、11×17、17×19、19×22、22×24、24×27、30×32。

开口扳手的钳口大多与手柄呈 15°(见图 2-5),因此,扳手只需翻转并旋转 30°,就可以再次进行拧紧或松开螺钉的动作。同时,要注意正确使用扳手,使其不要滑出螺母或螺钉头。当我们在扳手上施以较大力量时,必须要将扳手按图 2-6 所示那样放置后使用。

图 2-5　开口扳手

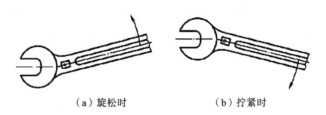

（a）旋松时　　　　　　（b）拧紧时

图 2-6　扳手上施力的正确方向

（2）整体扳手:整体扳手可分为正方形、六角形、十二边形(梅花扳手)等,如图 2-7 所示。梅花扳手适合于各种六角螺母或螺钉头。操作中只要转过 30°,就可再次进行拧紧或松开螺钉的动作,并可避免损坏螺母或螺钉。

梅花扳手常常是双头的,其两端尺寸通常是连续的。通常有大弯头梅花扳手、小弯头梅花扳手和平形梅花扳手三种形式,使用最多的是大弯头梅花扳手,如图 2-8 所示。

还有一种梅花开口组合扳手,又称两用扳手(见图 2-9),这是开口扳手和梅花扳手的结

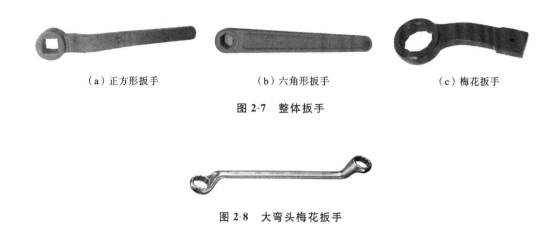

（a）正方形扳手　　　　　　（b）六角形扳手　　　　　　（c）梅花扳手

图 2-7　整体扳手

图 2-8　大弯头梅花扳手

合，其两端尺寸规格是相同的。这种扳手的优点是：如果螺母或螺钉容易转动，就可以使用操作更快的开口扳手这一端；如果螺母或螺钉很难转动时，就将扳手转过来，用梅花扳手这一端继续旋紧或松开。

图 2-9　梅花开口组合扳手

（3）成套套筒扳手：它由一套尺寸不等的套筒组成，套筒有内六角形和十二边形两种形式，可将整个螺母或螺钉头套住，从而不易损坏螺母或螺钉头，如图 2-10 所示。使用时，扳手柄的方榫插入梅花套筒方孔内，弓形手柄能连续地转动，因此使用方便，工作效率较高。

为了能转动套筒，套筒的上端有一个方孔，其常规尺寸为 3/8 in、1/2 in 和 3/4 in。其中 1/2 in 的方孔应用最多。为防止套筒在使用时滑出附件，附件的方榫上有一个弹性钢珠，为此，在套筒方孔上也开有一个小孔或者四个凹槽。

（4）锁紧扳手：专门用来锁紧各种结构的圆螺母，其结构多种多样，常用的如图 2-11 所示。

（5）内六角扳手：如图 2-12 所示，是用于装拆内六角头螺钉的扳手。常用的有三种形式：直角内六角扳手、球头直角内六角扳手、T 形内六角扳手。内六角扳手一般是成套的，可供装拆 M4～M30 的内六角螺钉。

2）棘轮扳手

棘轮扳手是特种扳手，就是根据某些特殊要求而制作的扳手，特点是效率较高。如图2-13

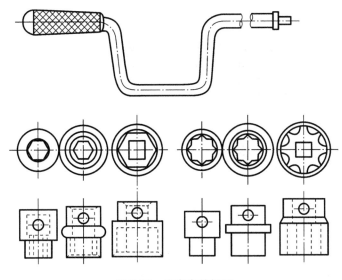

图 2-10　成套套筒扳手

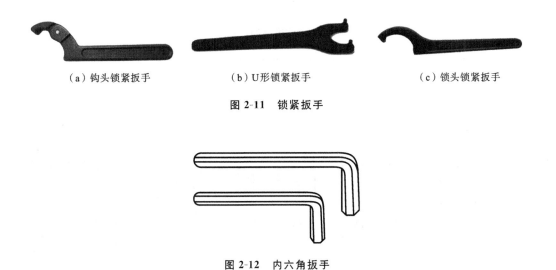

（a）钩头锁紧扳手　　　　　（b）U形锁紧扳手　　　　　（c）锁头锁紧扳手

图 2-11　锁紧扳手

图 2-12　内六角扳手

所示,工作时,正转手柄,在棘爪和弹簧的作用下进入内六角套筒(棘轮)的缺口内,套筒便随之转动,拧紧螺母或螺钉。当扳手反转时,棘爪从套筒缺口的斜面上滑过去,因而螺母(或螺钉)不会随着反转,这样反复摆动手柄即可逐渐拧紧。

3. 螺母和螺钉的装配要点

螺母和螺钉装配,除了要按一定的拧紧力矩来拧紧以外,还要注意以下几点。

(1)螺钉或螺母与工件贴合的表面要光洁、平整。

(2)要保持螺钉或螺母与接触表面的清洁。

(3)螺孔内的脏物要清理干净。

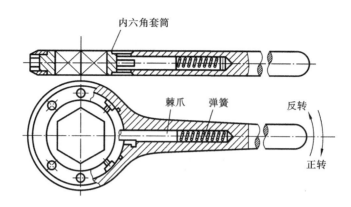

图 2-13　棘轮扳手

（4）成组螺栓或螺母在拧紧时,应根据零件形状、螺栓的分布情况,按一定的顺序拧紧螺母。拧紧长方形布置的成组螺母时,应从中间开始,逐步向两边对称地扩展;在拧紧圆环形或方形布置的成组螺母时,必须对称地进行(如有定位销,应从靠近定位销的螺栓开始),以防止螺栓受力不一致,甚至变形。螺纹连接的拧紧顺序如表 2-5 所示。

表 2-5　螺纹连接的拧紧顺序

分布形式	长方形	平行形	方框形	圆环形	多孔性
拧紧顺序简图					

（5）拧紧成组螺母时要做到分次逐步拧紧(一般不少于三次)。

（6）必须按一定的拧紧力矩拧紧。

（7）凡有振动或受冲击力的螺纹连接,都必须采用防松装置。

任务三

带轮架装配

滚动轴承是将运转的轴与轴座之间的滑动摩擦变为滚动摩擦,从而减少摩擦损失的一种精密的机械元件。机械装配工作中,滚动轴承装配是一项非常基础的工作。通过典型装配案例,初步学会装配工艺分析及制定装配流程,根据装配流程进行滚动轴承的装配,要求会选择和熟练使用滚动轴承的装配工具,装配完成的滚动轴承应能达到图样上的尺寸精度要求。

 任务引入

按图 3-1 所示的技术要求,制定装配工艺,并填写在表 3-1 中;规范完成该项目装配任务。任务装配完成后,要求滚动轴承装配合理,位置精度符合图样要求。

(a)带轮架实物图

图 3-1 带轮架装配实物及图样

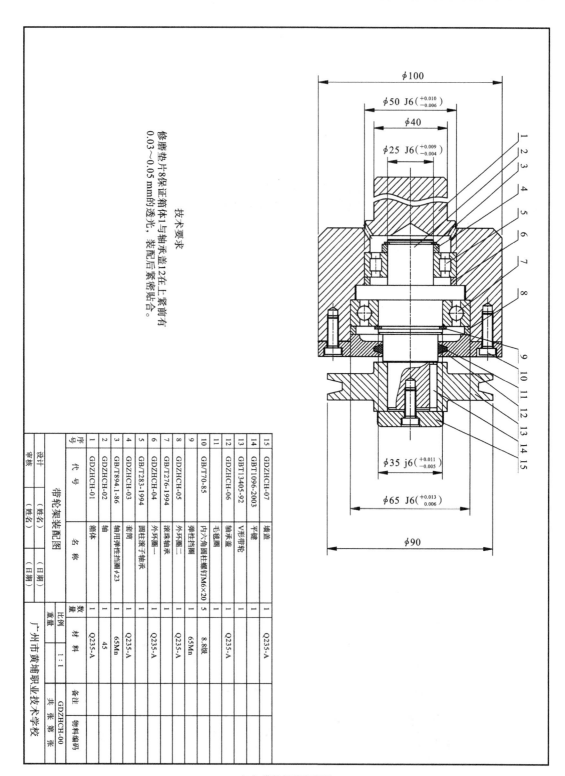

$\phi100$

$\phi50\ J6\left(^{+0.010}_{-0.006}\right)$

$\phi40$

$\phi25\ J6\left(^{+0.009}_{-0.004}\right)$

1 2 3 4 5 6 7 8 9 10 11 12 13 14 15

$\phi35\ j6\left(^{+0.011}_{-0.005}\right)$

$\phi65\ J6\left(^{+0.013}_{0.006}\right)$

$\phi90$

技术要求

修磨垫片8保证箱体1与轴承盖12在上紧前有0.03～0.05mm的透光，装配后紧密贴合。

序号	代号	名称	数量	材料	备注
15	GDZHCH-07	堵盖	1	Q235-A	
14	GBT1096-2003	平键	1		
13	GBT13405-92	V形带轮	1		
12	GDZHCH-06	轴承盖	1	Q235-A	
11		毛毡圈	1		
10	GB/T70-85	内六角圆柱螺钉M6×20	5	8.8级	
9		弹性挡圈	1	65Mn	
8	GDZHCH-05	外环圈三	1	Q235-A	
7	GB/T276-1994	滚珠轴承	1		
6	GDZHCH-04	外环圈一	1	Q235-A	
5	GB/T283-1994	圆柱滚子轴承	1		
4	GDZHCH-03	套筒	1	Q235-A	
3	GB/T894.1-86	轴用弹性挡圈$\phi23$	1	65Mn	
2	GDZHCH-02	轴	1	45	
1	GDZHCH-01	箱体	1	Q235-A	

带轮架装配图			比例	重量	GDZHCH-00	物料编码
设计	（姓名）	（日期）	1:1		广州市黄埔职业技术学校	共 张 第 张
审核	（姓名）	（日期）				

（b）带轮架装配图样

续图 3-1

表 3-1　工序卡

广州市黄埔职业技术学校		带轮架装配工艺过程卡片	产品型号		零件图号		共 1 页
			产品名称		零件名称		第 1 页
工序号		车间		工段		设备		工序工时	
工步号	工序名称	工步内容		工艺装备	辅助材料	额定工时/min
1						
2						
3						
4						
5						
6						
7						
8						
					设计（日期）	审核（日期）	标准化（日期）	会签（日期）
标记	处数	更改文件号	签字	日期	标记	处数	更改文件号	签字	日期				

 **工艺分析**

带轮架装配如图 3-1 所示,装配工艺具体分析如下。

(1)带轮架由箱体、轴、圆柱滚子轴承、滚珠轴承、V 形带轮等组成。首先安装壳体的分组件,再安装轴分组件。将轴分组件装配到壳体分组件内。

(2)带轮装于轴头,利用键进行周向定位,利用轴肩与端盖进行轴向定位;

(3)用圆柱滚子轴承与滚珠轴承来支持、引导并限制传动轴在箱体内的运动;

(4)装配时要检查安装轴与孔的尺寸精度,看其是否达到装配的要求;

(5)在安装滚动轴承时,通常在滚动轴承内加注润滑脂以进行润滑,且滚动轴承两边需留有一定的空间以容纳从滚动轴承中飞溅出来的油脂。有时为了密封的需要,也在滚动轴承的两边空间中加注润滑脂,但只能允许填其空间的一半。如果填入的油脂太多,将会由于温度的升高而使润滑脂过早地失去作用。

 **任务实施**

1. 装配前准备

1)工、量具准备

带轮架装配所需要的工、量具如表 3-2 所示。

表 3-2　带轮架装配工、量具清单

序号	名　称	规　格	精　度	备　注
1	游标卡尺	0～150 mm	0.01 mm	
2	外径千分尺	25～50 mm	0.01 mm	
3	内径千分尺	50～75 mm、75～100 mm	0.01 mm	
4	内六角螺钉扳手	5 mm		
5	冲击套筒			
6	橡胶锤	500 g		
7	拉马			

续表

序号	名 称	规 格	精 度	备 注
8	钢锤			
9	弹性挡圈钳			
10	一字旋具			
11	塞尺	0.01～1 mm		
12	清洁布			
13	Arcanol I	Arcanol L 71 润滑脂		
14	测力扳手	扭力范围 0～300 N·m		指针式

2）轴承装配前的检查

按图样要求检查与滚动轴承相配的零件,如轴颈、箱体孔、端盖等零部件的表面尺寸是否符合图样要求,是否有凹陷、毛刺、锈蚀和固体微粒等。并用汽油或煤油清洗,仔细擦净,然后涂上一层薄薄的油,然后按 5S 要求进行分区摆放,做好相应的防护措施。

2. 装配要求

按装配图样进行装配,并按装配要求调整相应的装配件,达到图样所示的位置精度、尺寸精度等要求。带架轮装配步骤如下。

（1）壳体分组件的安装,安装套筒和圆柱滚子轴承外圈,用孔用弹性挡圈固定轴承外圈;

（2）轴分组件的安装,将圆柱滚子轴承内圈压入轴上,将滚珠轴承压入轴上,分别用轴用弹性挡圈和孔用弹性挡圈固定两轴承;

（3）装配套筒时,将定位套筒仔细装配好;

（4）装配轴承盖时,用螺钉紧固轴承盖,并用内六角扳手使其固定;

（5）装配键和装配带轮时,将键涂油并压入键槽内,将带轮压入轴上与轴肩接触。

3. 装配注意事项

装配过程中,应规范操作,正确使用工、量具,并严格执行 5S 要求。带架轮装配注意事项如下:

（1）按图样要求检查与滚动轴承相配的零件是否有凹陷、毛刺、锈蚀和固体微粒等,并用汽油或煤油清洗,仔细擦净,然后涂上一层薄薄的油;

（2）在滚动轴承装配操作开始前,才能将全新的滚动轴承从包装盒中取出,尽可能使它们不受灰尘污染;

（3）需用专用轴承工具进行安装;

（4）装配环境中不得有小的金属微粒、锯屑、沙子等;最好在无尘室中装配滚动轴承。

4. 装配质量检测与任务评价

1）装配质量检测

带轮架装配完成,其质量检测配分情况如表 3-3 所示。

表 3-3　带轮架质量检测表

序号	检 测 项 目	要　　求	分值	得　　分	备　　注
1	箱体与轴承盖锁紧前	留有 0.03～0.05 mm 的间隙	10		
2	箱体与轴承盖锁紧后	紧密贴合	10		
3	安装后应转动灵活	带轮转动灵活	10		
4	螺钉拧紧力矩	旋紧力度达到 10 N·m	10		
5		总得分	40		

2）任务评价

完成装配任务,综合评价如表 3-4 所示。

表 3-4　装配任务综合评价表

学生姓名:　　　　　　班级:　　　　　　学号:

序号	考 核 项 目		配　　分	自　　评	互　　评	师　　评
1	软技能	积极心态	2			
		职业行为	2			
		团队合作 沟通能力 时间管理 学习能力	6			
2	知识运用		5			
3	装配工艺的编制		10			
4	装配技能		10			
5	装配检查	详见带轮架装 配质量检测表	40			

续表

序号	考核项目		配　　分	自　　评	互　　评	师　　评
6	装配思维	执行工艺	5			
		发现问题	5			
		优化方案	5			
7	5S 执行情况		5			
8	安全文明生产		5			
9	合计		100			

知识链接

滚动轴承是一种精密部件,认真做好装配前的准备工作,对保证装配质量和提高装配效率是十分重要的。

1. 滚动轴承装配方法的选择

滚动轴承的装配方法应根据滚动轴承装配方式、尺寸大小及滚动轴承的配合性质来确定。

1) 滚动轴承的装配形式

根据滚动轴承与轴颈的结构,通常有如下四种滚动轴承的装配形式。

(1) 滚动轴承直接装在圆柱轴颈上,如图 3-2(a)所示,这是圆柱孔滚动轴承的常见装配形式。

(2) 滚动轴承直接装在圆锥轴颈上,如图 3-2(b)所示,这类装配形式适用于轴颈和轴承孔均为圆锥形的场合。

(3) 滚动轴承装在紧定套上,如图 3-2(c)所示。

(4) 滚动轴承装在退卸套上,如图 3-2(d)所示。

后两种装配形式适用于滚动轴承为圆锥孔,而轴颈为圆柱孔的场合。

2) 滚动轴承的尺寸

根据滚动轴承内孔的尺寸,可将滚动轴承分为如下三类。

(1) 小滚动轴承:孔径小于 80 mm 的滚动轴承。

(2) 中等滚动轴承:孔径大于 80 mm、小于 200 mm 的滚动轴承。

(3) 大型滚动轴承:孔径大于 200 mm 的滚动轴承。

3) 滚动轴承的装配方法

根据滚动轴承装配方式、尺寸大小及其配合的性质,通常有机械装配法、液压装配法、压油

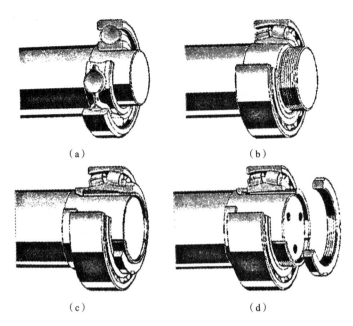

（a）　　　　　　　　　　　　（b）

（c）　　　　　　　　　　　　（d）

图 3-2　滚动轴承的装配方式

装配法、温差装配法四种装配方法。

2. 圆柱孔滚动轴承的装配

1）滚动轴承装配的基本原则

（1）装配滚动轴承时，不得直接敲击滚动轴承内外圈、保持架和滚动体；否则，会破坏滚动轴承的精度，降低滚动轴承的使用寿命。

（2）装配的压力应直接加在待配合的套圈端面上，绝不能通过滚动体传递压力。如图 3-3 所示，图 3-3（a）与图 3-3（b）所示的均为使装配压力通过滚动体传递载荷，从而使滚动轴承变形，故为错误的装配施力方法。而图 3-3（c）和图 3-3（d）所示的为装配力直接作用在需装配的套圈上，从而保证滚动轴承的精度，故为正确的装配方法。

2）轴承座圈的安装顺序

（1）对于不可分离型滚动轴承（如深沟球轴承等），应按座圈配合松紧程度决定其安装顺序。当内圈与轴颈为配合紧密的过盈配合、外圈与壳体孔为配合较松的过渡配合时，应先将滚动轴承装在轴上，压装时，将套筒垫在滚动轴承内圈上，如图 3-4（a）所示，然后连同轴一起装入壳体孔中。当滚动轴承外圈与壳体孔为过盈配合时，应将滚动轴承先压入壳体孔中，如图 3-4（b）所示，这时，所用套筒的外径应略小于壳体孔直径。当滚动轴承内圈与轴、外圈与壳体孔都是过盈配合时，应把滚动轴承同时压在轴上和壳体孔中，如图 3-4（c）所示，这种套筒的端面具有同时压紧滚动轴承内外圈的圆环。

（2）对于分离型滚动轴承（如圆锥滚子轴承），由于外圈可以自由脱开，装配时内圈和滚动体一起装在轴上，外圈装在壳体孔内，然后再调整它们的游隙。

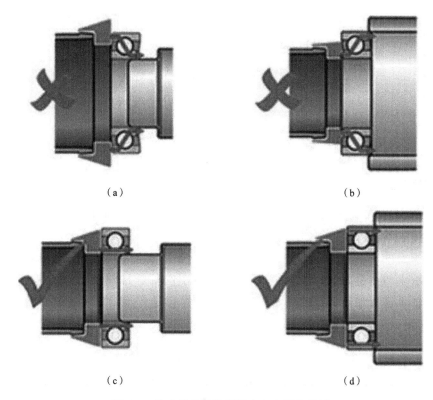

（a）　　　　　　　　　　　　　　（b）

（c）　　　　　　　　　　　　　　（d）

图 3-3　滚动轴承的装配压力与套圈的关系

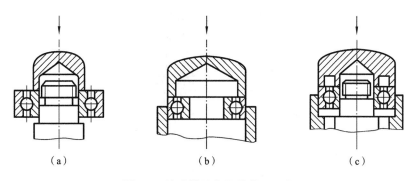

（a）　　　　　　　（b）　　　　　　　（c）

图 3-4　滚动轴承套圈的装配顺序

3）滚动轴承套圈的压入方法

（1）套筒压入法：这种方法仅适用于装配小滚动轴承。其配合过盈量较小，常用工具为冲击套筒与手锤，以保证滚动轴承套圈在压入时均匀敲入，如图 3-5 所示。

（2）压力机械压入法：这种方法仅适用于装配中等滚动轴承。其配合过盈较大时，常用杠杆齿条式或螺旋式压力机，如图 3-6 所示；若压力不能满足，还可以采用液压机压装滚动轴承，但均必须对轴或安装滚动轴承的壳体提供一个可靠的支承。

（3）温差法装配：这种方法一般适用于大型滚动轴承。随着滚动轴承尺寸的增大，其配

图 3-5　套筒压入法

合过盈量也增大,其所需装配力也随之增大,因此,可以将滚动轴承加热,然后与常温轴配合。滚动轴承和轴颈之间的温差取决于配合过盈量的大小和滚动轴承尺寸。当滚动轴承温度高于轴颈温度 80～90 ℃时就可以安装了。一般滚动轴承的最高加热温度为 110 ℃,不能将滚动轴承加热至 125 ℃及以上,因为这将会引起轴承材料性能的变化。更不得利用明火对滚动轴承进行加热,如图 3-7 所示。因为这样会导致滚动轴承材料中产生应力而变形,从而破坏滚动轴承的精度。

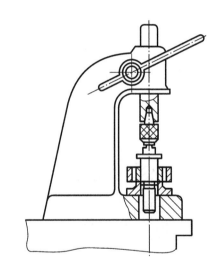

图 3-6　杠杆齿条式压力机压入滚动轴承

安装时,应戴干净的专用防护手套搬运滚动轴承,将滚动轴承装至轴上与轴肩可靠接触,并始终按压滚动轴承直至滚动轴承与轴颈已紧密配合,以防止滚动轴承冷却时套圈与轴肩分离。

4)加热方法

根据装配滚动轴承的类型,有四种不同的加热方法如下。

(1)感应加热器加热法:如图 3-8 所示,这种加热器主要适用于小滚动轴承和中等滚动轴承的加热。其感应加热的原理与变压器的相似,其内部有一绕在铁芯上的初级绕组,而滚动轴

图 3-7 不允许在明火中加热

承常作为一个次级绕组套在铁芯上,当通电时,通过感应作用对滚动轴承进行加热。利用感应加热器对滚动轴承进行加热后,必须进行消磁处理,以防止吸附金属微粒。

图 3-8 感应加热器

感应加热器加热法的优点是能够保持滚动轴承清洁;对滚动轴承无需预加热;加热迅速、效率高;工作安全、保护环境;油脂仍保留在滚动轴承中(带密封的滚动轴承);能量消耗低;温度可以得到很好的控制。

(2)电加热盘加热法:电加热盘主要用来加热小滚动轴承。如图 3-9 所示,其配置一个用于电加热的铝板,可以同时加热几个滚动轴承。加热板通常配有一个温度调节装置,所以温度可以得到很好的控制。

(3)电加热箱加热法:将滚动轴承放在安装有吹风器的电加热箱中进行加热的方法。电加热箱的优点是可以同时加热许多滚动轴承且可以长时间保温。

(4)油浴加热法:如图 3-10 所示,当采用油浴加热法对滚动轴承加热时,需要将一个装满油的油箱放在加热元件上。为避免滚动轴承接触到比油温高得多的箱底,形成局部过热,加热时滚动轴承应搁在油箱内的网格上,如图 3-10(a)所示。当对小型滚动轴承加热时,可以挂在

图 3-9　电加热盘

油中加热，如图 3-10(b)所示。在加热过程中，必须仔细观测油温。

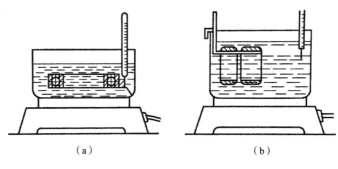

（a）　　　　　　　　　　　　（b）

图 3-10　油浴

3. 圆柱孔滚动轴承的拆卸方法

滚动轴承的拆卸方法与其结构有关。对于拆卸后还要重复使用的滚动轴承，拆卸时不能损坏滚动轴承的配合表面，不能将拆卸的作用力加在滚动体上，要将力作用在紧配合的套圈上。为了使拆卸后的滚动轴承能够按照原先的位置和方向进行安装，建议拆卸时对滚动轴承的位置和方向做好标记。

拆卸圆柱孔滚动轴承的方法有机械拆卸法、液压法、压油法、温差法四种。

1）机械拆卸法

机械拆卸法适用于具有紧（过盈）配合的小型滚动轴承和中型滚动轴承的拆卸，拆卸工具为拉出器，也称拉马。

（1）轴上滚动轴承的拆卸：将滚动轴承从轴上拆卸时，拉马的爪应作用于滚动辅承的内圈，使拆卸力直接作用在滚动轴承的内圈上，如图 3-11 所示。当没有足够的空间使拉马的爪作用于滚动轴承的内圈时，则可以将拉马的爪作用于外圈上。必须注意的是，为了使滚动轴承不致损坏，在拆卸时应固定扳手并旋转整个拉马，以旋转滚动轴承的外圈，如图 3-12 所示，从而保证拆卸力不会作用于同一点上。

（2）孔中滚动轴承的拆卸：当滚动轴承紧紧配合在壳体孔中时，拆卸力必须作用在外圈

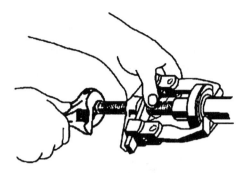

图 3-11　拉马作用于滚动轴承内圈

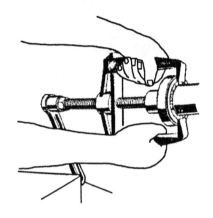

图 3-12　通过旋转拉马进行拆卸

上。对于调心滚动轴承经常通过旋转内圈与滚动体,从而便于拉马作用在外圈上进行拆卸,如图 3-13 所示。

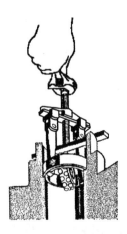

图 3-13　壳体中调心滚动轴承的拆卸

对于安装滚动轴承的孔中无轴肩的情况,可以采用手锤锤击套筒的方法(如图 3-14

所示），从而通过拆卸外圈的方法拆卸整个滚动轴承。但要注意，不能取用有尘粒存在的手锤，否则，这些尘粒会落在滚动轴承上从而会导致轴承损坏。对于与轴和孔均为过盈配合的深沟球滚动轴承，可以使用专门的拉马进行拆卸，如图 3-15 所示。拉马的臂必须小心地置于滚珠轴承内部，以夹紧滚动轴承的外圈。然后装上螺杆并旋转，直至拆下轴承。

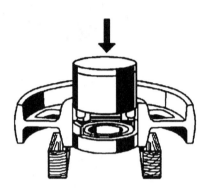

图 3-14　使用套筒拆卸滚动轴承

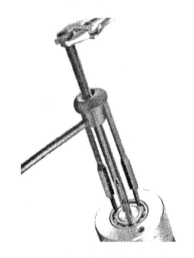

图 3-15　专用拉马拆卸滚动轴承

2）液压法

液压法适用于具有紧配合的中等滚动轴承的拆卸。拆卸这类滚动轴承需要相当大的力。常用的拆卸工具为液压拉马，其拆卸力可达 500 kN，如图 3-16 所示。

3）压油法

压油法适用于中等滚动轴承和大型滚动轴承的拆卸，常用的拆卸工具为油压机，如图3-17所示。用这种方法操作时，油在高压作用下通过油路和轴承孔与轴颈之间的油槽挤压在轴孔之间，直至形成油膜。并将配合表面完全分开，从而使轴承孔与轴颈之间的摩擦力变得相当小，此时只需要很小的力就可以拆卸滚动轴承了。由于拆卸力很小，且拉马直接作用在滚动轴

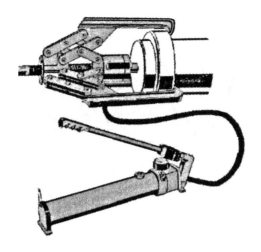

图 3-16　用液压拉马拆卸滚动轴承

承的外圈上,因此,必须使用具有自定心的拉马。

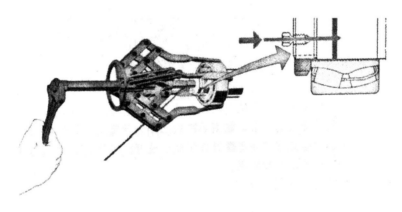

图 3-17　用压油法拆卸滚动轴承

使用压油法拆卸滚动轴承,拆卸方便,且可以节约大量的劳力。

4) 温差法

温差法主要适用于圆柱滚子轴承内圈的拆卸。加热设备通常采用铝环,如图 3-18 所示。首先必须拆去圆柱滚子轴承的外圈,在内圈滚道上涂上一层抗氧化油;然后将铝环加热至 225 ℃左右,并将铝环包住圆柱滚子轴承的内圈;再夹紧铝环的两个手柄,使其紧紧夹着圆柱滚子轴承的内圈,直到圆柱滚子轴承拆卸后才将铝环移去。如果圆柱滚子轴承内圈有不同的尺寸且必须经常拆卸,则使用感应加热器比较好,如图 3-19 所示。将感应加热器套在圆柱滚子轴承内圈上并通电,感应加热器会自动抱紧圆柱滚子轴承内圈,且感应加热,握紧两边手柄,直至将圆柱滚子轴承拆卸下来。

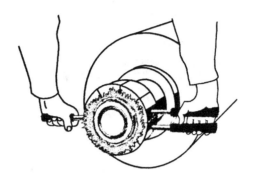

图 3-18　用铝环拆卸圆柱滚子轴承

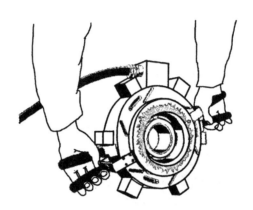

图 3-19　用感应加热器拆卸圆柱滚子轴承

4. 轴承装配前的检查与防护措施

（1）按图样要求检查与滚动轴承相配的零件,如轴颈、箱体孔、端盖等零部件表面的尺寸是否符合图样要求,是否有凹陷、毛刺、锈蚀和固体微粒等,并用汽油或煤油清洗、仔细擦净,然后涂上一层薄薄的油。

（2）检查密封件并更换损坏的密封件,对于橡胶密封圈,则每次拆卸时都必须更换。

（3）在滚动轴承装配操作开始前,才能将全新的滚动轴承从包装盒中取出,必须尽可能使它们不受灰尘污染。

（4）检查滚动轴承型号与图样是否一致,并清洗滚动轴承。如滚动轴承是用缓蚀油封存的,可用汽油或煤油擦拭滚动轴承内孔和外圈表面,并用软布擦净;对于用厚油和缓蚀油脂封存的大型轴承,则需在装配前采用加热清洗的方法清洗。

（5）装配环境中不得有金属微粒、锯屑、沙子等,最好在无尘室中装配滚动轴承;如果不可能在无尘室装配,则用东西遮盖住所装配的设备,以保护滚动轴承免于周围灰尘的污染。

5. 滚动轴承的清洗

使用过的滚动轴承,必须在装配前进行彻底清洗,而对于两端面带防尘盖、密封圈或涂有缓蚀和润滑两用油脂的滚动轴承,则不需要清洗。但对于已损坏、很脏或塞满碳化的油脂的滚动轴承,一般不值得清洗,直接更换一个新的滚动轴承更为经济与安全。

滚动轴承的清洗有常温清洗和加热清洗两种方法。

(1)常温清洗:常温清洗是用汽油、煤油等油性溶剂清洗滚动轴承。清洗时要使用干净的清洗剂和工具,首先在一个大容器中进行清洗,然后在另一个容器中进行漂洗。干燥后立即用油脂或油涂抹滚动轴承,并采取保护措施防止灰尘污染滚动轴承。

(2)加热清洗:加热清洗使用的清洗剂是闪点至少为 250 ℃的轻质矿物油。清洗时,油必须加热至约 120 ℃。把滚动轴承浸入油内,待防锈油脂溶化后即从油中取出,冷却后再用汽油或煤油清洗,擦净后涂油待用。加热清洗方法效果很好,且保留在滚动轴承内的油还能起到保护滚动轴承和防止腐蚀的作用。

6. 滚动轴承的润滑

滚动轴承既有滚动摩擦也有滑动摩擦。滑动摩擦是由于滚动轴承在表面曲线上的偏差和负载下轴承变形造成的。随着速度和负荷的增加,滚动轴承的滑动摩擦增大。为了减少摩擦、磨损,降低温升、噪声,防止轴承和部件生锈,采用合理的润滑方式和正确地选用润滑剂,适宜地控制润滑剂数量对提高轴承使用寿命非常重要。

1)润滑的目的

滚动轴承的润滑目的是为了减少轴承内部摩擦及磨损,防止烧黏,其润滑效果如下:

(1)减少摩擦及磨损:在构成轴承的套圈、滚动体及保持架的相互接触部分注入润滑剂,可防止金属接触,减少摩擦、磨损。

(2)延长使用寿命:轴承的滚动体使用寿命有限,在旋转中,滚动接触面润滑良好,可延长使用寿命。相反地,油黏度低,润滑油膜厚度不好,则缩短使用寿命。

(3)排除摩擦热、冷却:采用循环给油法等方法润滑轴承,可以用油排出由摩擦产生的热量,或由外部传来的热,起到冷却的作用,可防止轴承过热,防止润滑油自身老化。

(4)其他:也有防止异物侵入轴承内部,及防止生锈、腐蚀的效果。

2)滚动轴承的润滑方式

轴承常用的润滑方式有油润滑和脂润滑两类,此外,也有使用固体润滑剂润滑的。选用哪一类润滑方式,与轴承的速度有关。一般用滚动轴承的 dn 值(d 为滚动轴承内径,mm;n 为轴承转速,r/min)表示轴承的速度。适用于脂润滑和油润滑的 dn 值界限可供选择润滑方式时参考。

(1)脂润滑:由于润滑脂是一种黏稠的凝胶状材料,故润滑膜强度高,能承受较大的载荷,不易流失,容易密封,一次加脂可以维持相当长的一段时间。轴承的装脂量一般为轴承内部空间容积的 1/3 或 2/3。对于那些不便经常添加润滑剂的场合,或不允许润滑油流失而致污染产品的工业机械来说,这种润滑方式十分适宜。它的缺点是只适用于较低的 d_n 值。润滑脂的主要性能指标为针入度和滴点。轴承的 dn 值大、载荷小时,应选针入度较大的润滑脂;反之,应选用针入度较小的润滑脂。此外,轴承的工作温度应比润滑脂的热点低,对于矿物油润滑脂,应低 10～20 ℃;对于合成润滑脂,应低 20～30 ℃。

脂润滑的特点:

① 适用于低、中速和中等温度工作条件;

② 密封装置简单;

③ 维修费用低,润滑脂成本较低;

④ 摩擦较大,散热能力差。

(2) 油润滑:在高速高温的条件下、脂润滑不能满足使用要求时可采用润滑油。润滑油的主要特性是黏度,工作转速越高,应选用黏度越低的润滑油;工作载荷越大,应选用黏度越高的润滑油。

油润滑的特点:

① 适用于高速、高温和重载荷条件;

② 设备保养和更换润滑剂方便;

③ 系统中的摩擦副可同时润滑;

④ 润滑装置复杂,密封困难。

润滑对于滚动轴承具有重要意义,轴承中的润滑剂不仅可以降低摩擦阻力,还可以发挥散热、减小接触应力、吸收振动、防止锈蚀等作用,更是滚动轴承稳定工作的必备条件。

O 形密封圈装配

在机械设备中,密封件是必不可少的,它主要起着阻止介质泄漏和防止污物侵入的作用。在装配中要求其所造成的磨损和摩擦力应尽量地小,但需要能长期地保持密封功能。

 任务引入

按图 4-1 所示图样的要求,制定装配工艺,并填写在表 4-1 中;规范完成该项目装配任务。任务装配完成后,螺纹连接紧固,位置、尺寸等符合图样要求。

（a）O形密封圈实物图

图 4-1　O 形密封圈装配实物及图样

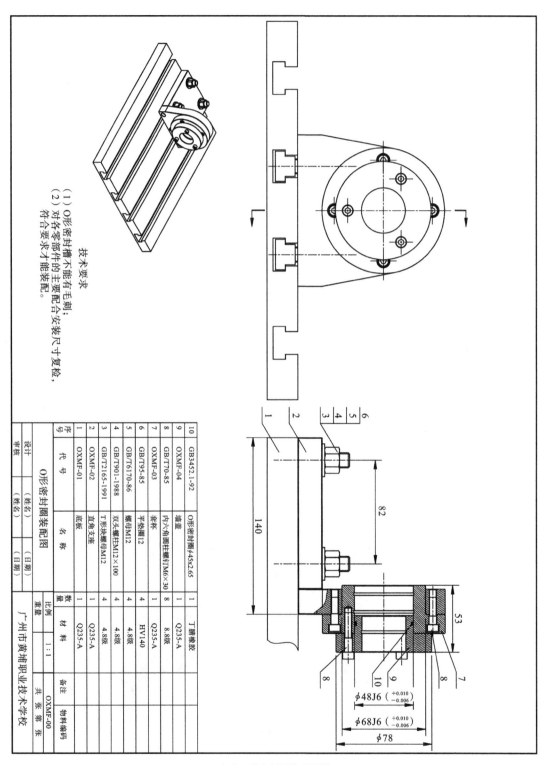

技术要求

（1）O形密封槽不能有毛刺；
（2）对各零部件的主要配合安装尺寸复检，
符合要求才能装配。

序号	代号	名称	数量	材料	备注
10	GB3452.1-92	O形密封圈φ45X2.65	1	丁腈橡胶	
9	OXMF-04	堵盖	1	Q235-A	
8	GB/T70-85	内六角圆柱螺钉M6×30	8	8.8级	
7	OXMF-03	套杯	1	Q235-A	
6	GB/T95-85	平垫圈12	4	HVI40	
5	GB/T6170-86	螺母M12	4	4.8级	
4	GB/T901-1988	双头螺柱M12×100	4	4.8级	
3	GB/T2165-1991	T形块螺母M12	4		
2	OXMF-02	直角支座	1	Q235-A	
1	OXMF-01	底板	1	Q235-A	

O形密封圈装配图

		比例	1:1			物料编码	
		重量				OXMF-00	

设计 （姓名） （日期） 广州市黄埔职业技术学校
审核 （姓名） （日期） 共 张 第 张

140

82

53

φ48J6 ($^{+0.010}_{-0.006}$)

φ68J6 ($^{+0.010}_{-0.006}$)

φ78

（b）O形密封圈装配图样

续图 4-1

表 4-1　工序卡

广州市黄埔职业技术学校		O形密封圈装配工艺过程卡片		产品型号		零件图号		共1页
				产品名称		零件名称		第1页
工序号		车间		工段		设备		工序工时	
工步号	工序名称		工步内容		工艺装备	辅助材料		额定工时/min
1								
2								
3								
4								
5								
6								
7								
8								
						设计（日期）	审核（日期）	标准化（日期）	会签（日期）
标记	处数	更改文件号	签字	日期	标记	处数	更改文件号	签字	日期				

工艺分析

O 形密封圈装配如图 4-1 所示,装配工艺具体分析如下:

(1)垫圈把直角支座固定在底板上的,用 T 形块螺母、螺柱、螺母固定;

(2)端盖与套杯之间用 O 形密封圈进行密封;

(3)用无酸凡士林润滑 O 形密封圈,这样可使 O 形密封圈更易于装入,同时使其有良好润滑、防止磨损;

(4)将端盖装入套杯的圆柱孔中,并用螺钉将其固定。注意:应均匀地拧紧螺钉,因为只有这样才能使密封圈正确地滑入圆柱孔内。

任务实施

1. 装配前准备

1)工、量具准备

O 形密封圈装配,需要工、量具如表 4-2 所示。

表 4-2 O 形密封圈装配工、量具清单

序号	名　称	规　格	精　度	备　注
1	游标卡尺	0～150 mm	0.01 mm	
2	外径千分尺	50～75 mm	1 级	
3	内径千分尺	50～75 mm	1 级	
4	内六角扳手	5 mm		套装
5	橡胶锤	500 g		
6	O 形密封圈装配和拆卸专用套件			套装
7	无酸凡士林			
8	测力扳手	扭力范围 0～300 N·m		指针式

2)零部件修整与清洗

检查装配件,对有缺陷的装配件,利用锉刀修锉缺陷部位。修整完成后,擦拭清理各装配

部件,并按 5S 要求,进行分区摆放,做好相应的防护措施。

3）测量、检查沟槽及油封的所有尺寸

（1）测量图 4-2 所示各项,以确定 O 形密封圈沟槽的深度（E）、端盖轴颈直径（D）、沟槽直径（心,安装孔的直径（d））;

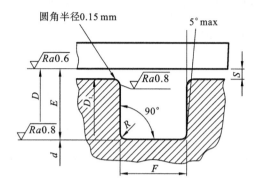

图 4-2 O 形密封圈沟槽的尺寸

（2）测量沟槽宽度（F）;

（3）精确地检验沟槽表面质量;

（4）检查 O 形密封圈上是否有损伤,并检查其尺寸。

将所得测量值记入表 4-3 中。

表 4-3 测量值

端盖轴颈直径 D	mm	槽沟深度 $F=(D-d)/2$	mm
沟槽直径 d	mm	沟槽宽度 F	mm
孔径 D_1	mm		

2. 装配要求

按装配图样进行装配,并按装配要求,调整相应的装配件,达到图样规定的位置精度、尺寸精度等要求。

O 形密封圈装配要求如下:

（1）需要用无酸凡士林润滑 O 形密封圈;

（2）安装 O 形密封圈时,将 O 形密封圈放入端盖的沟槽内,并防止 O 形密封圈发生扭曲变形;

（3）安装端盖时,将 O 形密封圈装入套杯的圆柱孔中,并用螺钉将其旋紧。

3. 装配注意事项

装配过程中应规范操作,正确使用工、量具,并严格执行 5S 要求。O 形密封圈装配需要注意事项如下:

（1）确保使用的工具没有锋利的边缘；

（2）注意检查密封槽是否有毛刺；

（3）确保 O 形密封圈不被扭曲；

（3）使用辅助工具来安装 O 形密封圈，并确保正确的定位；

（4）安装螺钉时，应该是对称的，按照螺钉拧紧的方向顺序拧紧螺钉。

4. 装配质量检测与任务评价

1）装配质量检测

O 形密封圈装配完成，其质量检测配分情况如表 4-4 所示。

表 4-4　O 形密封圈装配质量检测表

序号	检测项目	要　求	分值	得　分	备　注
1	密封槽	不能有毛刺	8		
2	M12×100 螺栓拧紧力矩	旋紧力达到 40 N·m	16		
3	M6×30 螺钉拧紧力矩	旋紧力达到 10 N·m	16		
4	总得分		40		

2）任务评价

完成装配任务，综合评价如表 4-5 所示。

表 4-5　装配任务综合评价表

学生姓名：　　　　　　班级：　　　　　　学号：

序号	考核项目		配　分	自　评	互　评	师　评
1	软技能	积极心态	2			
		职业行为	2			
		团队合作 沟通能力 时间管理 学习能力	6			
2	知识运用		5			
3	装配工艺的编制		10			

续表

序号	考核项目		配　分	自　评	互　评	师　评
4	装配技能		10			
5	装配检查	详见O形密封圈装配质量检测表	40			
6	装配思维	执行工艺	5			
		发现问题	5			
		优化方案	5			
7	5S执行情况		5			
8	安全文明生产		5			
9	合计		100			

 知识链接

在机械设备中,密封圈是必不可少的密封件,它主要起着阻止介质泄漏和防止污物侵入的作用。在装配中要求其所造成的磨损和摩擦力应尽量地小,但要能长期地保持密封功能。

密封件可分为两大主要类型,即静密封件和动密封件。静密封件用于被密封零件之间无相对运动的场合,如密封垫和密封胶。动密封件用于被密封零件之间有相对运动的场合,如油封和机械式密封件。

O形密封圈是截面形状为圆形的密封元件,如图 4-3 所示。图中 d 为 O形密封圈内径,ω 为 O形密封圈截面直径。大多数的 O形密封圈由弹性橡胶制成,它具有良好的密封性,是一种压缩性密封圈,同时又具有自封能力,所以使用范围很宽,密封压力从 1.33×10^{-5} Pa 的真空到 400 MPa 的高压(动密封为 35 MPa)。如果材料选择适当,温度使用范围可达 $-60\ ^\circ\text{C} \sim +200\ ^\circ\text{C}$。在多数情况下,O形密封圈是安装在密封槽内的,其结构简单,成本低廉,使用方便,密封性不受运动方向的影响,因此得到了广泛的运用。

1. O形密封圈密封的原理

O形密封圈的作用是将被密封零件结合面间的间隙封住或切断泄漏通道,从而使被堵塞的介质不能通过 O形密封圈。这样的密封原理既能应用在动态场合下,又能应用在静态场合下。在动态场合下,O形密封圈可应用于滑动和旋转运动中,所以 O形密封圈是一种极为通用的密封元件。

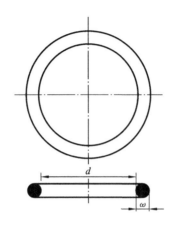

图 4-3　O 形密封圈

　　作为静密封件,如图 4-4 所示,为了保证良好的密封效果,O 形密封圈应有一定的预压缩量,预压缩量的大小对密封性能影响较大。过小时密封性能不好,易泄漏;过大时则压缩应力增大,容易使 O 形密封圈在密封槽中产生扭曲,加快磨损,缩短寿命。预压缩量通常为15％～25％,但其在径向安装和轴向安装时还稍有不同。作为动密封件,如图 4-5 所示,其预压缩量为 8％～20％,但用于液体介质和气体介质时摩擦力稍有不同。在应用中,具有较小截面的 O 形密封圈应比较大截面的 O 形密封圈的预压缩量更大一些,以适应密封槽较大的尺寸公差。

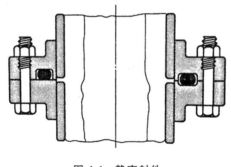

图 4-4　静密封件

　　综上所述,只要 O 形密封圈的预压缩量正确,即可形成一个可靠的密封。此外,在液压油缸中,O 形密封圈又受到油压作用而发生变形,并被挤压到堵塞液体泄漏通道的一侧,紧贴槽侧和缸的内壁,从而使密封作用加强,如图 4-6 所示。随着油压的增加,密封性能越好(一般称这种性能为自封性)。

2. O 形密封圈的永久性变形

　　O 形密封圈在外加载荷或变形去除后,都具有迅速恢复其原来形状的能力。但是在长期使用以后,几乎总有某种程度的变形仍然不能恢复,这种现象称为"永久性变形"。由此,O 形

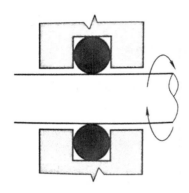

图 4-5 动密封件

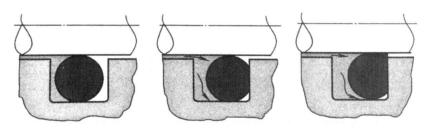

图 4-6 O形密封圈的密封

密封圈的密封能力下降。为了衡量 O 形密封圈的"残余弹性",常用永久性变形来表示 O 形密封圈的密封能力和恢复至其原有厚度的能力。永久性变形用百分率来表示

$$C=\{(t_0-t_1)/(t_0-t_s)\}\times100\%$$

式中:C 为 O 形密封圈的永久性变形;t_0 为 O 形密封圈未受工作压力时的初始直径;t_s 为 O 形密封圈受工作压力后的截面厚度;t_1 为 O 形密封圈在工作压力去除后的截面厚度。

C 值越小,密封效果越好。图 4-7 所示的为 O 形密封圈的永久性变形。当温度升高时,压缩性永久变形的值也将增加。

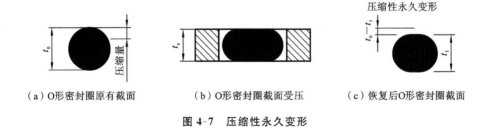

(a)O形密封圈原有截面　　(b)O形密封圈截面受压　　(c)恢复后O形密封圈截面

图 4-7 压缩性永久变形

O 形密封圈的弹性橡胶越软,密封圈调节自身适应密封面的能力越佳,特别是在低压情况下,密封能力越强;O 形密封圈的化合物越软,则使 O 形密封圈变形所需的力越小;在动态情况下,软弹性橡胶的摩擦因数比硬的化合物的摩擦因数大,但后者在具有与弹性橡胶密封圈有相同变形时所需的压力也较大;温度升高时,弹性橡胶会变得更软,并随使用时间的延长会发

生硬化现象,这是弹性橡胶老化的结果(硫化过程进展缓慢)。

3. O形密封圈的挤入缝隙现象

对于一定硬度的橡胶,当介质压力过大或密封零件之间的间隙过大时,都可能发生O形密封圈被挤入间隙内的危险,从而导致O形密封圈的损坏,失去密封作用,如图4-8所示。所以,O形密封圈的压缩量和间隙宽度都是十分重要的参数。

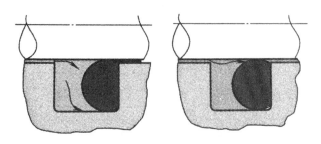

图4-8 O形密封圈的损坏

密封的间隙宽度应由介质压力来确定。如果介质压力增大,则允许使用间隙宽度应相应减小。当然,也可以改用硬度较高的橡胶密封圈,同样可以有效地防止O形密封圈被挤入间隙。还可以使用挡圈来阻止O形密封圈挤入间隙现象,如图4-9所示。

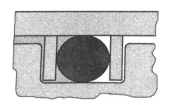

图4-9 挡圈

4. O形密封圈的储存

根据弹性橡胶的类型,硫化O形密封圈的储存期为3～20年。但在实际操作中,若能加强检查,储存期还可更长些。

下面是有关储存的一些建议:

(1)环境温度不超过250 ℃;

(2)环境应干燥;

(3)防止阳光和含紫外线的灯光照射;

(4)空气特别是含臭氧的空气易使橡胶老化,所以应将O形密封圈储存于无流动空气的场所,且储存处禁止有臭氧产生的设备存在;

(5)储存期间,避免与液体、金属接触;

(6)O形密封圈在储存时应不受任何力作用,例如严禁将O形密封圈悬挂在钉子上。

5. O形密封圈密封装置的倒角

在设计O形密封圈的密封装置时,最为重要的是对杆端或孔端采用$10°\sim20°$的倒角,这样可防止在装配时损坏O形密封圈,如图4-10所示。为防止装配时O形密封圈通过诸如液压阀内的孔口时产生挤坏现象,也必须将孔口倒角或倒圆,如图4-11所示。

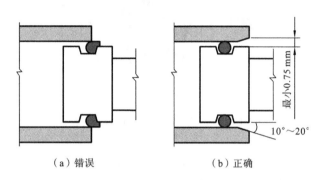

（a）错误　　　　　　　（b）正确

图 4-10　正确的倒角

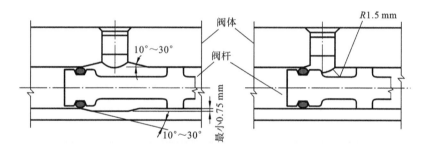

图 4-11　液压阀内的倒角和倒圆

6. 润滑

装配时,无论O形密封圈是用于静态或动态条件,O形密封圈和金属零件都必须有良好的润滑。由于某些润滑剂对有些橡胶产品有不良影响(可造成膨胀或收缩),所以建议采用惰性润滑剂。例如,专用合成油脂"Silubrine"适用于装配NBR(丁腈橡胶)、FPM(氟橡胶)、EP(环氧树脂)和MVQ(硅橡胶)等。所有以矿物油、动物油、植物油或脂为基础的润滑剂,都绝对不适用于O形密封圈的润滑,特别是EP橡胶中。

7. O形密封圈的装配和拆卸工具

在许多装配实践中,O形密封圈的装配和拆卸成了难题。大多数情况是O形密封圈的位置难以接近或尺寸太小,因此,如果没有好的工具,操作几乎就不可能进行。在此介绍一种"O形密封圈装配和拆卸工具套件"(见图4-12),它可使O形密封圈的装配与拆卸较易进行。这套工具由能防止多种液体侵蚀的不锈钢制成,以防止多种液体的侵蚀。

图4-12　O形密封圈装配与拆卸工具套件

（1）尖锥：如图4-13所示，此工具用于将小形O形密封圈从难以接近的位置上拆卸下来。但尖锥容易损坏O形密封圈，故适用于不重要的场合。

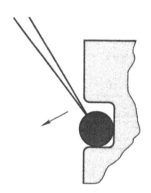

图4-13　尖锥

（2）弯锥：如图4-14所示，这种弯锥用于将O形密封圈从难以接近的位置中拆卸下来。操作时，将此工具放入沟槽内，同时转动手柄并将手柄推向孔壁，从而将O形密封圈从沟槽中拆卸出来。

（3）曲锥：如图4-15所示，这种曲锥用于将O形密封圈从沟槽中拆卸下来，也用于将O形密封圈拉入沟槽内。

（4）装配钩：如图4-16所示，此工具用于将O形密封圈放入沟槽内。操作时，首先必须将O形密封圈推过沟槽；再用此工具的背将O形密封圈的一部分推入沟槽内，然后用其尖端将O形密封圈的另一部分完全地安装到位。

（5）镊子：此工具适用于不易用手对O形密封圈进行润滑的场合。该工具可以将O形密封圈浸入液体润滑剂中，并将其送至需密封的地方。

（6）刮刀：如图4-17所示，此工具适用于拆卸接近外表面处的O形密封圈，也可用于将O形密封圈放入沟槽中和向已安装的O形密封圈添加润滑剂。

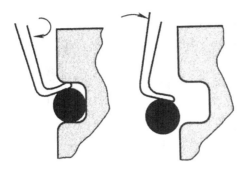

图 4-14 弯锥

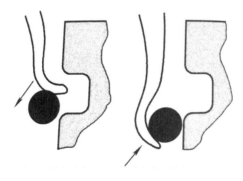

图 4-15 曲锥

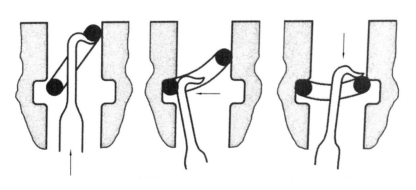

图 4-16 装配钩

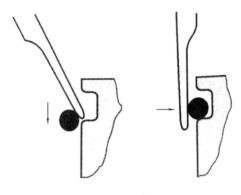

图 4-17　刮刀

任务五

链传动机构装配

链传动是机械中常用的传动方式之一,是通过链条将具有特殊齿形的主动链轮的运动和动力传递到具有特殊齿形的从动链轮的一种传动方式。链传动有许多优点:

(1) 无弹性滑动和打滑现象,平均传动比准确,工作可靠,效率高;

(2) 传递功率大,过载能力强,相同工况下的传动尺寸小;

(3) 所需张紧力小,作用于轴上的压力小;

(4) 能在高温、潮湿、多尘、有污染等恶劣环境中工作。

通过典型装配案例,初步学会装配工艺分析及制定装配流程,根据装配流程,进行链传动的装配,要求链传动平稳可靠,正确使用测量量具,链传动机构装配达到图样上的尺寸精度及直线度、平行度要求。

 任务引入

按图 5-1 所示图样的要求,制定装配工艺,并填写在表 5-1 中;规范完成该项目装配任务。任务装配完成后,链传动机构装配达到图样上的尺寸精度及直线度、平行度要求。

(a) 链传动机构实物图

图 5-1 链传动机构装配实物及图样

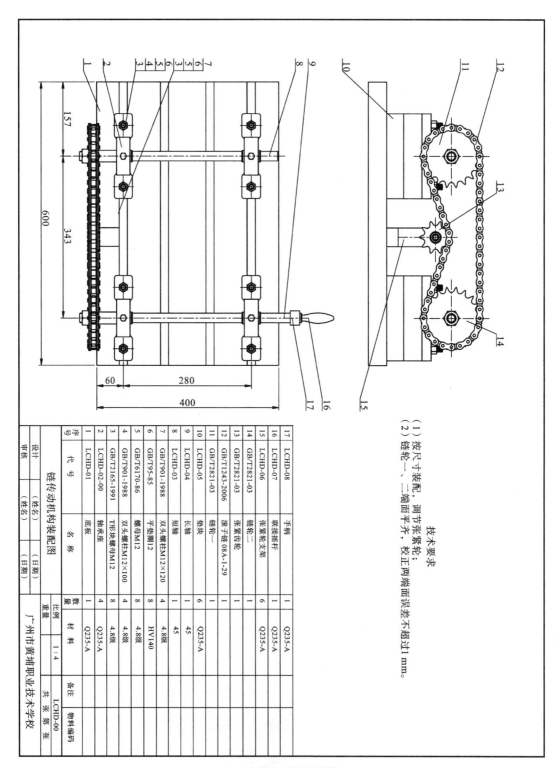

技术要求
(1) 按尺寸装配，调节张紧轮；
(2) 链轮一、二端面平齐，校正两端面误差不超过1mm。

序号	代　号	名　称	数量	材　料	备注
17	LCHD-08	手柄	1	Q235-A	
16	LCHD-07	联接摇杆	1	Q235-A	
15	LCHD-06	张紧轮支架	6	Q235-A	
14	GB/T2821-03	链轮二	1		
13	GB/T2821-03	链轮一	1		
12	GB/T1243-2006	滚子链08A-1-29	1		
11	GB/T2821-03	链轮一	6		
10	LCHD-05	垫块	6	Q235-A	
9	LCHD-04	长轴	1	45	
8	LCHD-03	短轴	1	45	
7	GB/T901-1988	双头螺柱M12×120	4	4.8级	
6	GB/T95-85	平垫圈12	8	4.8级	
5	GB/T6170-86	螺母M12	8	4.8级	
4	GB/T901-1988	双头螺柱M12×100	4	4.8级	
3	GB/T2165-1991	T形块螺母M12	8	4.8级	
2	LCHD-02-00	轴承座	4	Q235-A	
1	LCHD-01	底板	1	Q235-A	

			链传动机构装配图	重量	比例			
设计		（姓名）		（日期）		1：4	共　张	LCHD-00
审核		（姓名）		（日期）	物料编码		第　张	

广州市黄埔职业技术学校

（b）链传动机构装配图样

续图 5-1

表 5-1 工序卡

广州市黄埔职业技术学校		链传动机构装配 工艺过程卡片	产品型号		零件图号		共 1 页
			产品名称		零件名称		第 1 页
工序号		车间		工段		设备		工序工时	
工步号	工序名称		工步内容		工艺装备	辅助材料	额定工时 /min
1							
2							
3							
4							
5							
6							
7							
8							

									设计 (日期)	审核 (日期)	标准化 (日期)	会签 (日期)
标记	处数	更改文件号	签字	日期	标记	处数	更改文件号	签字	日期			

 工艺分析

链传动机构是由张紧轮支架、平板、垫块、齿轮、链条、张紧齿轮、手柄、轴承及轴承座、轴等主要部件组成的。按图样的要求,工艺分析具体如下。

(1)图中4个轴承座是整体配件,不要求学生安装。轴承座用垫铁通过双头螺柱、螺母固定在底板上。

(2)两根轴安装到轴承上,注意安装的位置。

(3)两个链轮手柄安装到轴上。

(4)按尺寸组装,调节张紧链轮。

(5)轴承在安装前必须加注润滑脂。

 任务实施

1. 装配前准备

1)工、量具准备

链传动机构装配所需使用的工、量具如表5-2所示。

表5-2 链传动机构装配工、量具清单

序号	名　称	规　格	精　度	备　注
1	游标卡尺	0～150 mm、0～300 mm	0.01 mm	
2	刀口直尺	125 mm、150 mm	1级	
3	直角尺	100 mm×80 mm	1级	
4	塞尺	0.01～1 mm		
5	内六角扳手	9件		套装
6	橡胶锤	500 g		
7	平板锉刀	8寸		
8	百分表(含表座)	0～10 mm	0.01 mm	
9	杠杆百分表(含表座)	0～0.8 mm	0.01 mm	
10	测力扳手	扭力范围0～300 N·m		指针式

2）零部件修整与清洁

检查装配件,除去毛刺;对有缺陷的装配件,利用锉刀修锉缺陷部位。修整完成后,擦拭、清理各装配部件,并按 5S 要求,进行分区摆放,做好相应的防护措施。

2. 装配要求

按装配图样进行装配,并按装配要求,调整相应的装配件,达到图样所示的位置精度、尺寸精度、链条张紧度等要求,链传动机构装配要求如下。

(1) 装配轴承及轴承座,将轴装配到轴承上,注意轴承与轴承座的方向;

(2) 装配链轮,用手转动链轮轴时,应能灵活旋转;

(3) 张紧链轮转动灵活;

(4) 手柄与摇杆配合紧凑;

(5) 安装链条,并对链传动机构进行调整。链条非工作边的下垂度应符合设计要求,若设计未规定,应按两轮中心距的 $1\% \sim 5\%$ 调整。当链垂直放置时,下垂度的值应小于两轮中心距的 0.2%。

3. 装配注意事项

装配过程中,应规范操作,正确使用工、量具,并严格执行 5S 要求。链传动机构装配需要注意事项如下:

(1) 注意轴承与轴承座的方向;

(2) 轴承的安装应使用专用轴承装配工具进行安装;

(3) 注意轴与链轮、手柄的位置与方向;

(4) 进行调整作业时,注意敲击工具的使用,切勿用铁锤等敲击;

(5) 检查螺纹孔内螺纹是否顺畅。

4. 装配质量检测与任务评价

1）装配质量检测

链传动机构装配完成,其质量检测配分情况如表 5-3 所示。

表 5-3　链传动机构装配质量检测表

序号	检测项目	要　　求	分值	得　　分	备　　注
1	手柄	链轮轴应转动灵活	10		
2	链轮一、链轮二端面	两链轮端面平齐, 校正两端面误差不超过 2 mm	14		
	螺栓拧紧力矩	旋紧力度达到 40 N·m	16		
3	总得分		40		

2）任务评价

完成装配任务，综合评价如表5-4所示。

表 5-4 装配任务综合评价表

学生姓名：　　　　　班级：　　　　　学号：

序号	考核项目		配　分	自　评	互　评	师　评
1	软技能	积极心态	2			
		职业行为	2			
		团队合作 沟通能力 时间管理 学习能力	6			
2	知识运用		5			
3	装配工艺的编制		10			
4	装配技能		10			
5	装配检查	详见链传动机构 装配质量检测表	40			
6	装配思维	执行工艺	5			
		发现问题	5			
		优化方案	5			
7	5S执行情况		5			
8	安全文明生产		5			
9	合计		100			

 知识链接

　　链传动是由两个链轮和连接它们的链条组成，通过链和链轮的啮合来传递运动和动力。链传动的最广泛应用的例子是自行车的链条，曲柄轴的旋转运动经链传动传递至后轮轴上，带动自行车前行。

如图 5-2 所示,常用的传动链有套筒滚子链、齿形链和弯板链。如自行车链,它属于最普通形式的链,是一种传动链。齿形链和弯板链也都属于传动链。齿形链常用于大型农业机器的驱动装置上,如收割机;弯板链有时用于游乐园内的过山车上。

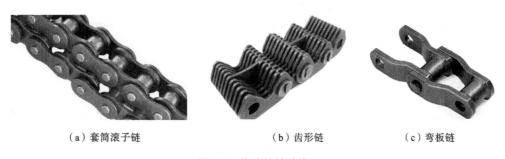

　　　（a）套筒滚子链　　　　　　　　（b）齿形链　　　　　　　（c）弯板链

图 5-2　传动链的种类

除传动链外,还有输送链,此时链条可直接用作传输物体或将特制的运输零件固定其上。

1. 链传动的优缺点

链传动的优点:不会产生打滑现象,平均传动比准确;一条链可同时驱动多根轴;对于潮湿和温度变化适应性好,能在恶劣环境条件下工作;只要润滑条件良好和维护得当,使用寿命很长,效率高。

链传动的缺点:对污物极敏感;润滑必不可少;工作时有噪声;不宜用于高速传动装置;工作时有振动。

2. 链条的结构

链传动装置至少由两个链轮和一条链条构成。链条为钢制,由链节构成。套筒滚子链的每个链节由外链片、内链片、销、套筒和滚子构成,如图 5-3 所示。

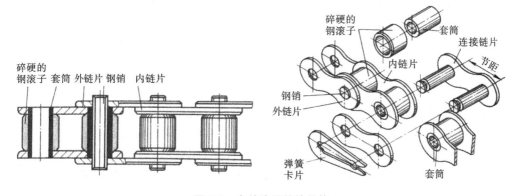

图 5-3　套筒滚子链的结构

3. 链条的选用

选用链传动时,必须先决定链条的类型。链条供应商备有各种图表可供选择链条类型时参考。图 5-4 所示的是供选用链条的图表。

举例:需为某机器的驱动装置选用链传动。电动机功率为 1 kW,高速轴的转速为 150 r/min。从图表中可找到传动装置适用的链条。

利用图 5-4,可以根据最小链轮的转速和传递的功率确定链条的类型。在本例中,可选用节距为 1/2(12.7 mm)的链条。

链条类型选定后,就可以根据轴的直径、两轴间的中心距和传动比查图表。确定链轮的直径和链条的长度,并可以确定链条的主要尺寸,包括节距(a)、滚子宽度(b)和滚子直径(c),如图 5-4 所示。

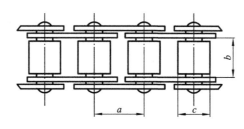

图 5-4 链条主要尺寸

4. 链条的张紧

如果链条的装配和运行都能遵照说明书的要求,则此链条必能获得最佳的使用寿命。

所谓链条安装正确,即为链条下垂量正确,且链轮位置校准正确。

链条在工作过程中,由于铰链的销轴与套筒间承受较大的比压,传动时彼此又产生相对转动,因而导致铰链磨损,使铰链的实际节距变长,从而使链条下垂量增大,如图 5-5 所示。当下垂量过大(链条张紧量过低)时,会产生链条与链轮啮合不良和链的振动现象,因此必须对链条进行张紧。

张紧的方法很多。当链传动的中心距可调整时,可通过调节中心距来控制张紧程度;当中心距不能调整时,可设置张紧轮,或在链条磨损变长后从中取掉1~2个链节,以恢复原来的长度。张紧轮一般是紧压在松边靠近小链轮处。张紧轮可以是无齿的滚轮,张紧轮的直径应与小链轮的直径相近。

链条的下垂量必须定期检查,其值可根据图 5-5 所示的曲线来确定。

为确定链条的下垂量,必须先测量出两轴间的中心距 A,然后用轴间距离除以 100,即 $A/100$(mm)。根据计算后得到的值,在横坐标轴找出对应的点,并垂直地画出一条直线,直至和图中曲线相交。从垂直直线和曲线相交点开始,向左画一条水平直线,该水平直线与纵坐标轴的交点处的值即为链条应有的最大下垂量。如果链条伸长量已超过其原有长度3%时,必须将此链条更换。

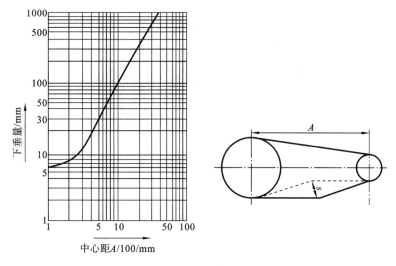

图 5-5 链条下垂量的确定

举例：一链传动的中心距 $A=500\ \text{mm}$，确定其最大下垂量。水平坐标轴上必须画出的值为：$500\div100=5$。在图表上，从横坐标的 5 处垂直向上画一条直线直至和曲线相交，从相交点向左画一根水平线。由此可得，链条应有的下垂量为 30 mm。也可在链条的松边用手来测试下垂量。如果下垂量 s 为 2～4 倍链条的宽度，将被视为可接受的，尽管这个数字是随着轴的间距变化而变化。此外，如果轴间距大于等于 1 m 或链条垂直悬挂，由于链条本身的重量可能引起链条的运动，则需要的下垂量为最大下垂量的 1/2。

5. 链条的连接

在链轮经过校准和链条张紧轮装配后，即可安装链条。在装配连接链片时，应确保链条与两端的链轮正确啮合。然后，用连接链片将链条的两端连接起来，如图 5-6 所示。

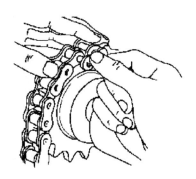

图 5-6 装配连接链片

装配弹簧卡片时可使用尖嘴钳。应确保弹簧卡片的开口方向与链条的运动方向相反，以免运动中受到碰撞而脱落，如图 5-7 所示。

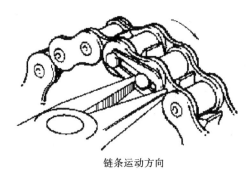

链条运动方向

图 5-7　装配弹簧卡片

6. 链条装配要点

链条和链轮的良好运行和使用寿命主要取决于装配过程中的下列各点：

（1）轮的位置经正确的校准；

（2）链条有正确的下垂量；

（3）链条与链轮啮合良好，如图 5-8 和图 5-9 所示；

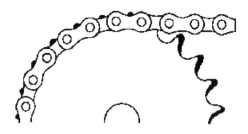

图 5-8　链条的正确啮合

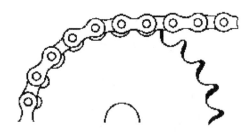

图 5-9　已磨损的链条的不正确啮合

（4）链条运行自由，严禁和其他零部件（如链条罩壳）相擦碰；

（5）润滑状态良好。润滑油应加在链条松边上，因这时链处于松弛状态，有利于润滑油渗入各摩擦面之间；

（6）链条张紧轮的正确安装，且永远将其装配在链条的无负载部分。

7. 轮子的校准

不管是链传动、齿轮传动,还是带传动,各种传动装置的轮子在使用前都必须首先校准其位置,使两个传动轮彼此端面处于同一直线,这样,传动机构才能够正确运行。链轮、齿轮和带轮的位置校准对于传动机构的良好运行极为重要。校准良好的轮子可保证传动装置能良好的运行和有较长的使用寿命。图5-10所示的为校准不当的实例,由图示可见轮子之间出现倾斜角和轴向偏移量过大的现象,其后果是导致皮带的擦伤及轮子的损坏;如果是链轮或齿轮传动,则链条或轮齿会迅速磨损,损耗加大。同时,轴承和联轴器也将磨损加剧,因摩擦而在轴承内产生的热量也会增加,从而缩短轴承的使用寿命。

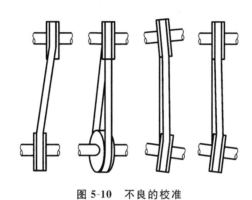

图5-10 不良的校准

1) 轮子的水平校准

滑动各个轴或轮子,使两个传动轮彼此端面处于同一直线,并使用直尺或刀口直尺来检查两个链轮的位置是否处于同一直线上,如图5-11所示。

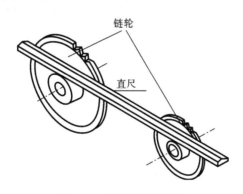

图5-11 轮子的水平校准

2) 轮子的垂直校准

(1) 找出轮子端面跳动误差。

使用百分表来找出轮子端面跳动量的最大点和最小点(即轮子端面跳动误差),并将这些点处于同一条水平中心线上,对于小轮也需这样做。若全部点均已处在一条中心线上,则轮子的端面跳动误差不会影响轮子垂直方向校准的测量值。

（2）测量直尺与轮子端面的间隙值。

以小轮为基准面,用直尺分别在轮子的中心线上方(最好接近轮子的上端)和下方(最好接近轮子的下端)测量直尺或刀口直尺与轮子端面之间的间隙值。如果在大轮的上方和下方之间测量出差值,则可用在轴承组件下填入垫片的方法来校正其两轮垂直方向的相对位置误差,一般最大偏差量不应超过 0.10 mm,如图 5-12 所示。

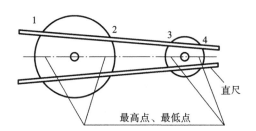

图 5-12 轮子的垂直校准(1~4 测点)

（3）轮子垂直方向偏移量的计算。

如图 5-13 所示,以电动机上轮子的端面作为基准面,如果:

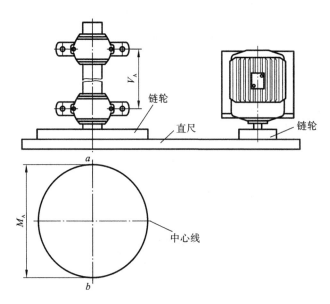

图 5-13 校准装置结构

① 直尺在大轮 a 点刚好触及轮子,而 b 点不触及,则必须在前端轴承座(靠近轮子处)下面填垫片;

② 直尺在 b 点刚好触及轮子,而 a 点不触及,则必须在后端轴承座下面填垫片。

直尺在 a 点和 b 点处与轮子端面的间隙差就是要测量的值。

用下列公式,可计算出垫片的厚度:

$$M_a/M_v = V_a/V$$

将公式改写成:

$$V = (V_a \cdot M_v)/M_a$$

式中:M_a 为测量距离(即测量点 a 与 b 的距离,近似等于大轮的直径);M_v 为测量的差值;V_a 为两轴承座间的距离;V 为垫片的厚度。

本例中,设 $M_a = 400$ mm,$M_v = 0.3$ mm(b 点处),$V_a = 534$ mm,则 V 为

$$V = (534 \times 0.3)/400 \text{ mm} = 0.4 \text{ mm}$$

因为直尺在 b 点不能触及轮子,故应将厚度为 0.4 mm 的垫片填入前端轴承座下面。

待轮子均已处于正确位置后,即可紧固轴承组件。

任务六

齿轮传动机构装配

齿轮传动是机械中常用的传动方式之一,它是依靠轮齿间的啮合来传递运动和扭矩的。

齿轮传动的主要优点:① 传动功率和速度的适用范围广;② 具有恒定的传动比,平稳性较高;③ 传动效率高;④ 工作可靠;⑤ 使用寿命长;⑥ 结构紧凑。

齿轮传动的缺点:① 制造和安装精度要求高,价格较贵;② 精度低时,振动和噪声较大;③ 不宜用于轴向距离大的传动等。

通过典型装配案例,初步学会装配工艺分析及制定装配流程,根据装配流程,要求进行齿轮传动的装配齿轮传动平稳可靠,正确使用测量量具,齿轮传动机构装配达到图样上的尺寸精度及直线度平行度要求。

 任务引入

按图 6-1 所示图样的要求,制定齿轮传动机构的装配工艺,并填写在表 6-1 中;规范完成该项目装配任务。任务装配完成后,轴的相互位置、齿侧间隙、尺寸精度等应符合图样要求。

(a)齿轮传动机构实物图

图 6-1　齿轮传动机构装配实物及图样

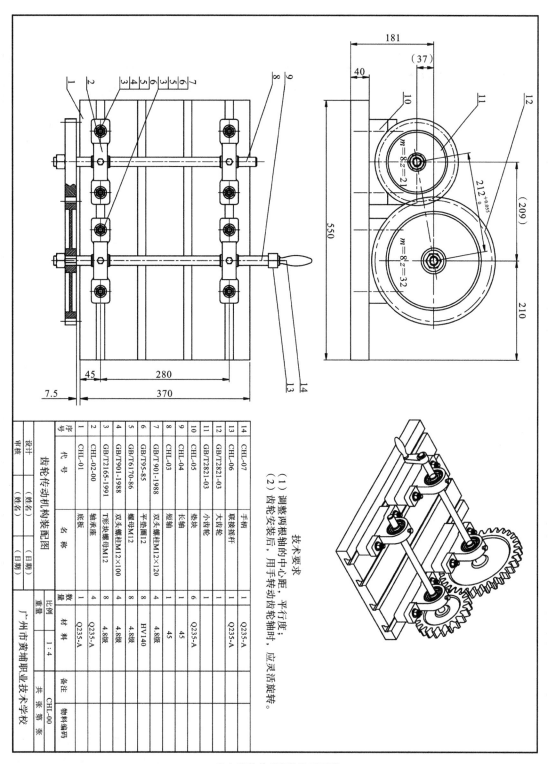

序号	代号	名称	数量	材料	备注
14	CHL-07	手柄	1	Q235-A	
13	CHL-06	联轴销杆	1	Q235-A	
12	GB/T2821-03	大齿轮	1		
11	GB/T2821-03	小齿轮	1		
10	CHL-05	垫块	6	Q235-A	
9	CHL-04	长轴	1	45	
8	CHL-03	短轴	1	45	
7	GB/T901-1988	双头螺柱M12×120	4	4.8级	
6	GB/T95-85	平垫圈12	8	HV140	
5	GB/T6170-86	螺母M12	8	4.8级	
4	GB/T901-1988	双头螺柱M12×100	4	4.8级	
3	GB/T2165-1991	T形块螺母M12	8	4.8级	
2	CHL-02-00	轴承座	4	Q235-A	
1	CHL-01	底板	1	Q235-A	

齿轮传动机构装配图

设计	（姓名）	（日期）	比例	共　张　第　张	广州市黄埔职业技术学校
审核	（姓名）	（日期）	1：4		

重量　　物料编码　　CHL-00

技术要求
（1）调整两根轴的中心距，平行度；
（2）齿轮安装后，用手转动齿轮轴时，应灵活旋转。

（b）齿轮传动机构装配图样

续图 6-1

表 6-1 工序卡

广州市黄埔职业技术学校		齿轮传动机构 装配工艺过程卡片	产品型号		零件图号		共 1 页
			产品名称		零件名称		第 1 页
工序号		车间		工段		设备		工序工时	

工步号	工序名称	工步内容	工艺装备	辅助材料	额定工时 /min
1					
2					
3					
4					
5					
6					
7					
8					

						设计 （日期）	审核 （日期）	标准化 （日期）	会签 （日期）
标记	处数	更改文件号	签字	日期	标记	处数	更改文件号	签字	日期				

 **工艺分析**

齿轮传动机构是由平板、垫块、齿轮、手柄、轴承及轴承座、轴等主要机件组成的，按照图样要求，工艺分析具体如下。

（1）图中 4 个轴承座是一体的，不要求学生安装。轴承座用垫铁通过双头螺柱、螺母固定在底板上。

（2）大齿轮距离底板右端面的距离为 210 mm，大齿轮距离底板下端面为 181 mm。

（3）调整两根轴的中心距为 209 mm。

（4）轴承在安装前必须加注润滑脂，轴承的安装应使用专用轴承装配工具进行安装。

 **任务实施**

1. 装配前准备

1）工、量具准备

齿轮传动机构装配所需使用的工、量具如表 6-2 所示。

表 6-2 齿轮传动机构装配工、量具清单

序号	名　称	规　格	精　度	备　注
1	直尺	300 mm	1 级	
2	游标卡尺	0～250 mm		
3	铅丝	0.7 mm		
4	活动扳手			
5	内六角扳手	3 mm 内六角扳手		套装
6	橡胶锤	500 g		
7	百分表（含表座）	0～10 mm	0.01 mm	

2）零部件修整与清洗

检查装配件，除去毛刺；对有缺陷的装配件，利用锉刀修锉缺陷部位。修整完成后，擦拭、清理各装配部件，并按 5S 要求，进行分区摆放，做好相应的防护措施。

2. 装配要求

齿轮传动机构装配实施按装配图样进行装配,并按装配要求,调整相应的轴与齿轮装配件,使齿轮的齿侧间隙达到图样规定的要求,两轴平行,两轮校直符合图样要求。齿轮传动机构装配要求如下:

(1) 将轴承座与垫块通过内六角圆柱螺栓装配至底板指定位置,螺栓不要拧太紧,后面需要调整距离;

(2) 装配轴承及轴承座;将轴装配到轴承上,注意轴承与轴承座的方向;

(3) 将齿轮安装到轴上,手转动齿轮轴时,应能灵活旋转;

(4) 将手柄通过连接摇杆安装在大齿轮的轴上,手柄与摇杆配合紧凑;

(5) 调整两根轴的中心距。

3. 装配注意事项

装配过程中,应规范操作,正确使用工、量具,并严格执行 5S 要求。齿轮传动机构装配需要注意事项如下:

(1) 注意轴承与轴承座的方向;

(2) 轴承的安装应使用专用轴承装配工具进行安装;

(3) 进行调整作业时,注意敲击工具的使用,切勿用铁锤等敲击;

(4) 装配检查螺纹孔内螺纹是否顺畅。

4. 装配质量检测与任务评价

1) 装配质量检测

齿轮传动机构装配完成,其质量检测配分情况如表 6-3 所示。

表 6-3 齿轮传动机构装配质量检测表

序号	检测项目	要求	分值	得分	备注
1	齿侧间隙	最大误差 0.2 mm, 最小误差 0.1 mm, 超差 0.1 mm,扣 2 分。	14		
2	轴的平行度	达到图样要求	10		
3	轴的中心距	达到图样要求	10		
4	手柄	齿轮轴应转动灵活	6		
5	总得分		40		

2）任务评价

完成装配任务，综合评价如表6-4所示。

表6-4　装配任务综合评价表

学生姓名：　　　　　　班级：　　　　　　　学号：

序号	考核项目		配　分	自　评	互　评	师　评
1	软技能	积极心态	2			
		职业行为	2			
		团队合作 沟通能力 时间管理 学习能力	6			
2	知识运用		5			
3	装配工艺的编制		10			
4	装配技能		10			
5	装配检查	详见齿轮传动机构 装配质量检测	40			
6	装配思维	执行工艺	5			
		发现问题	5			
		优化方案	5			
7	5S执行情况		5			
8	安全文明生产		5			
9	合计		100			

 知识链接

齿轮传动是机械中常用的传动方式之一，它是依靠轮齿间的啮合来传递运动和扭矩的。齿轮传动的主要优点是：传动功率和速度的适用范围广；具有恒定的传动比，平稳性较高；传动效率高；工作可靠；使用寿命长；结构紧凑。其缺点是：制造和安装精度要求高，价格较贵；精度低时，振动和噪声较大；不宜用于轴向距离大的传动等。

齿轮的种类较多,但选择使用哪种类型的齿轮取决于传动的目的和功能,如传送功率的大小、齿轮的速度、旋转的方向、中心距或轴的位置等。

在本任务的实际项目操作中,使用的是外啮合直齿圆柱齿轮传动,因此,本节将对该类齿轮传动做进一步介绍。

直齿圆柱齿轮传动是一种应用最为广泛的齿轮传动(见图 6-2),在传动中,齿轮间传递的力与齿面垂直,无轴向分力,齿在啮合时沿着整个齿宽同时接触。

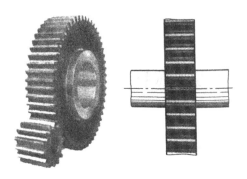

图 6-2　直齿圆柱齿轮传动

齿轮的啮合质量包括适当的齿侧间隙、一定的接触面积以及正确的接触位置。在实际装配操作中,常常重点检查齿轮啮合的齿侧间隙。

1. 齿侧间隙

齿侧间隙是两齿轮间沿着法线方向测量的两轮齿齿侧之间的间隙,如图 6-3 所示。该间隙是为防止齿轮在运转中由于轮齿制造误差、传动系统的弹性变形以及热变形等使啮合轮齿

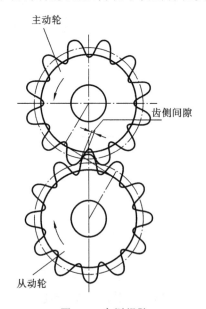

图 6-3　齿侧间隙

卡死的现象,同时也为了在啮合轮齿之间存留润滑剂等,而在啮合齿对的齿厚与齿间留有适当的间隙(即侧隙)。侧隙过小,齿轮传动不灵活,热胀时易卡齿,加剧磨损;侧隙过大,则易产生冲击和振动。

通常根据齿轮的模数、中心矩、齿轮的尺寸精度和齿轮的应用范围选择齿侧间隙。齿侧间隙不需计算,常可以通过查表确定。

1)齿轮模数

齿轮模数是决定齿大小的因素。齿轮模数被定义为模数制轮齿的一个基本参数,是人为抽象出来用以度量轮齿规模的数。

模数的计算:对于正常齿轮,模数 m 必须依据下列公式计算

$$m = d/z = p/\pi$$

式中:d 为分度圆直径;z 为齿轮的齿数;p 为齿距;π 为圆周率。

2)中心距的计算

对于外啮合传动齿轮,其中心距 A 根据下列公式计算

$$A = m\left(\frac{z_1 + z_2}{2}\right)$$

式中:z_1 为大齿轮齿数;z_2 为小齿轮齿数;m 为模数。

3)齿侧间隙的确定

(1)间隙等级:模数和中心距可以计算,但是齿侧间隙等级应根据实际应用情况来确定。齿侧间隙的等级分类及其应用范围如下。

① 间隙等级 1:该等级用于高精度要求的场合。此时,可以将其中一个齿轮固定,用测量仪器测量齿轮的齿侧间隙。

② 间隙等级 2:该等级用于一般精度以上的要求,适用于转向变化和没有振动的场合。

③ 间隙等级 3:该等级为最为通用的间隙等级,常用于普通的机械工程设备。

④ 间隙等级 4:该等级可用于当齿轮和外壳的温度有很大差异的场合。

⑤ 间隙等级 5:用于开式齿轮传动中。在这种场合中,污染物容易进入轮齿之间而引起轮齿磨损。

(2)查表确定齿侧间隙:查看齿侧间隙表,必须知道以下三个数值:间隙等级、中心距、模数。依据这些数值,可以在表 6-5 中查到所要求的齿侧间隙。

2. 齿侧间隙的检查

确定齿侧间隙时,必须调节齿轮使齿侧间隙处在两个极限值之间,并最好接近最小的齿侧间隙值。调节齿轮后,还必须定期检查。

1)测量工具

用下列工具测量齿侧间隙:

① 铅丝;

表 6-5　齿侧间隙表

间隙等级	中心距/mm	在下列模数下的齿侧间隙/μm												
		1.0~1.6		1.6~2.5		2.5~4.0		4.0~6.5		6.5~10		10~16		16~25	
		最小	最大	最小	最大	最小	最大	最小	最大	最小	最大	最小	最大	最小	最大
1	12~25	42	84												
	25~50	47	95	53	107	60	120								
	50~100	53	107	60	120	68	135	75	150	82	166				
	100~200	60	120	68	135	75	150	82	166	93	189	104	212	120	240
	200~400	68	135	75	150	82	166	93	189	104	212	120	240	135	270
	400~800			82	166	93	189	104	212	120	240	135	270	150	300
	800~1600							120	240	135	270	150	300	164	332
2	12~25	60	120												
	25~50	68	135	75	150	82	166								
	50~100	75	150	82	166	93	189	104	212	120	240				
	100~200	82	166	93	189	104	212	120	240	135	270	150	300	164	332
	200~400	93	189	104	212	120	240	135	270	150	300	164	332	187	376
	400~800			120	240	135	270	150	300	164	332	187	376	209	422
	800~1600							164	332	187	376	209	422	240	480
3	12~25	82	166												
	25~50	93	189	104	212	120	240								
	50~100	104	212	120	240	135	270	150	300	164	332				
	100~200	120	240	135	270	150	300	164	332	187	376	209	422	240	480
	200~400	135	270	150	300	164	332	187	376	209	422	240	480	270	540
	400~800			164	332	187	376	209	422	240	480	270	540	300	600
	800~1600							240	480	270	540	300	600	340	670
4	12~25	120	240												
	25~50	135	270	150	300	164	332								
	50~100	150	300	164	332	187	376	209	422	240	480				
	100~200	164	332	187	376	209	422	240	480	270	540	300	600	340	670
	200~400	187	376	209	422	240	480	270	540	300	600	340	670	375	750
	400~800			240	480	270	540	300	600	340	670	375	750	420	840
	800~1600							340	670	375	750	420	840	470	950

续表

间隙等级	中心距/mm	在下列模数下的齿侧间隙/μm												
		1.0~1.6		1.6~2.5		2.5~4.0		4.0~6.5		6.5~10		10~16		16~25	
		最小	最大	最小	最大	最小	最大	最小	最大	最小	最大	最小	最大	最小	最大
5	12~25	164	332												
	25~50	187	376	209	422	240	480								
	50~100	209	422	240	480	270	540	300	600	340	670				
	100~200	240	480	270	540	300	600	340	670	375	750	420	840	470	950
	200~400	270	540	300	600	340	670	375	750	420	840	470	950	530	1070
	400~800			340	670	375	750	420	840	470	950	530	1070	600	1200
	800~1600							470	950	530	1070	600	1200	680	1340

② 百分表;

③ 塞尺。

2）压铅丝检验法

测量齿侧间隙时,必须在齿轮的四个不同位置测量齿侧间隙,所以每次测量后须将轮子旋转 90°。通过这种方法,可以确定齿轮的摆动或偏心误差。

在实际操作中,测量步骤如下。

（1）取两根直径相同的铅丝,其直径不宜超过最小间隙的 4 倍。

（2）在齿宽两端的齿面上,平行放置两条铅丝,如图 6-4 所示。

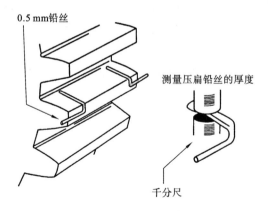

图 6-4　用压铅丝法测量齿侧间隙

（3）转动齿轮,将铅丝压扁。铅丝必须在一个方向上转动后压扁,齿轮不能来回转动。

（4）用千分尺测量铅丝被挤压后最薄处的尺寸,即为侧隙。

如果齿侧间隙不合乎要求,必须通过调整齿轮所在轴的位置以使齿侧间隙达到规定的要求。

3）百分表检验法

如图 6-5 所示为用百分表测量齿侧间隙的方法,测量时,将一个齿轮固定,在另一个齿轮上装上夹紧杆。由于侧隙存在,装有夹紧杆的齿轮便可摆动一定角度,在百分表上得到读数 C,则此时齿侧间隙 c_n 为

$$c_n = C \frac{R}{L}$$

式中:C 为百分表表面的读数;R 为安装夹紧杆齿轮的分度圆半径;L 为夹紧杆长度。

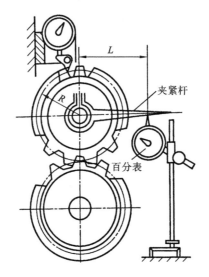

图 6-5　用百分表测量齿侧间隙

也可将百分表直接抵在一个齿轮的齿面上,另一个齿轮固定。将接触百分表触头的齿从一侧啮合迅速转到另一侧啮合,百分表上的读数差值即为侧隙。

齿侧间隙与中心距偏差有关,在装配中可通过微调中心距进行齿侧间隙的调整。而在有些装置中,中心距由加工保证,若由滑动轴承支承时,可通过精刮轴瓦调整齿侧间隙。

任务七

车床尾座装配

车床的尾座可沿导轨纵向移动调整其位置。其内有一根由手柄带动沿主轴轴线方向移动的心轴,在套筒的锥孔里插上顶尖,可以支承较长工件的一端。还可以换上钻头、铰刀等刀具实现孔的钻削和铰削加工。要求进行车床尾座的装配,正确使用测量量具,车床尾座装配达到图样的要求。

 任务引入

按图 7-1 所示图样的要求,制定装配工艺,并填写在表 7-1 中;规范完成该项目装配任务。任务装配完成后,车床尾座装配的位置精度、尺寸精度等符合图样要求。

（a）车床尾座实物图

图 7-1　车床尾座装配实物及图样

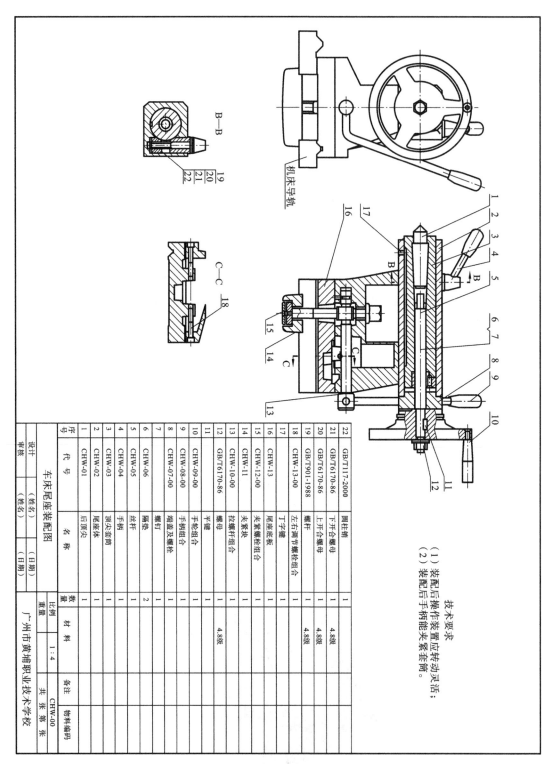

技术要求
（1）装配后操作装置应转动灵活；
（2）装配后手柄能夹紧套筒。

序号	代号	名称	数量	材料	备注
22	GB/T117-2000	圆柱销	1		
21	GB/T6170-86	下开合螺母	1	4.8级	
20	GB/T6170-86	上开合螺母	1	4.8级	
19	GB/T901-1988	螺杆	1	4.8级	
18	CHW-13-00	左右调节螺栓组合	1		
17	CHW-13	丁字键	1		
16	CHW-13	尾座底板	1		
15	CHW-12-00	夹紧螺栓组合	1		
14	CHW-11	夹紧块	1		
13	CHW-10-00	拉螺杆组合	1		
12	GB/T6170-86	螺母	1	4.8级	
11		平键	1		
10	CHW-09-00	手轮组合	1		
9	CHW-08-00	丝杆	1		
8	CHW-07-00	手柄组合	1		
7		螺钉	2		
6	CHW-06	隔垫	1		
5	CHW-05	丝杆	1		
4	CHW-04	手柄	1		
3	CHW-03	顶尖套筒	1		
2	CHW-02	尾座体	1		
1	CHW-01	后顶尖	1		

车床尾座装配图

设计	（姓名）	（日期）	比例	1：4	共 张 第 张
审核	（姓名）	（日期）	重量		物料编码 CHW-00

广州市黄埔职业技术学校

（b）车床尾座装配图样

续图 7-1

表 7-1 工序卡

广州市黄埔职业技术学校		车床尾座装配 工艺过程卡片	产品型号		零件图号		共 1 页
			产品名称		零件名称		第 1 页
工序号		车间		工段		设备		工序工时	
工步号	工序名称	工步内容	工艺装备	辅助材料	额定工时 /min
1					
2					
3					
4					
5					
6					
7					
8					
					设计 (日期)	审核 (日期)	标准化 (日期)	会签 (日期)
标记	处数	更改文件号	签字	日期	标记	处数	更改文件号	签字	日期				

 工艺分析

车床尾座是由尾座体、顶尖套筒、手柄组合、丝杆、轴承、螺母、平键、螺栓、拉杆、螺杆、尾座底板、压板、套筒、后顶尖等组成的。按图样的要求,工艺分析具体如下。

（1）摇动手柄,可使尾座顶尖套纵向移动,当尾座顶尖套移动到所需位置时,可用锁紧套筒手柄夹紧套筒。

（2）丝杆上有一个单向推力轴承和螺母,丝杆的转动通过螺母带动套筒移动,实现顶紧或加工等功能。

（3）套筒的锥孔里插上顶尖,可以支承较长工件的一端。

（4）左右调节螺栓可调节机床主轴线与尾座套筒轴线的偏摆。

 任务实施

1. 装配前准备

1）工、量具准备

车床尾座装配所需使用的工、量具如表 7-2 所示。

表 7-2　车床尾座装配装配工、量具清单

序 号	名　称	规　格	精　度	备　注
1	活动扳手	200 mm		
2	活动扳手	100 mm		
3	内六角扳手	套		套装
4	十字旋具	150		
5	一字旋具	100		
6	克丝钳子	125		
7	套筒扳手	15～25		
8	毛刷	1 寸		
9	衬垫	副		
10	手锤	副		

2）零部件修整与清洗

检查装配件,除去毛刺;对有缺陷的装配件,利用锉刀修锉缺陷部位。修整完成后,擦拭、清理各装配部件,并按 5S 要求,进行分区摆放,做好相应的防护措施。

2. 装配要求

按装配图样进行装配,并按装配要求,调整相应的装配件,达到图样规定的位置精度的要求,其装配要求如下。

（1）轴套入偏心轴孔内,手柄分组件（半圆键、定位销、轴、套）连同偏心轴,穿入拉杆,安装在尾座后端小孔内。

（2）丝杠分组件（螺钉、垫片、丁字键、法兰体、推力球）旋入主轴内,并用螺钉锁紧法兰体。顶尖安装在尾座顶尖套的锥孔中,尾座顶尖套装在尾座体的孔中,并由平键导向,使它只能轴向移动,不能转动。

（3）松、紧环装配方向不能错,紧环应与丝杆一起转动。

（4）装配后手柄能夹紧套筒。

3. 装配注意事项

按装配图样进行装配,并按装配要求,调整相应的装配件,达到图样的要求。装配过程中,应规范操作,正确使用工、量具,并严格执行 5S 要求。车床尾座装配需要注意事项如下:

（1）根据图样、装配要求及操作方法安装车床尾座;

（2）装配时零件要有秩序的整齐摆放;

（3）尽可能避免零件在拆卸过程中损伤;

（4）合理分工,按主次进行装配;

（5）装配时不能遗忘零件,零件不能装反;

（6）尾座装配后,装配体放在机床导轨上,调整夹紧手柄位置,保证能夹紧尾座体。

4. 装配质量检测与任务评价

1）装配质量检测

车床尾座装配完成,其质量检测配分情况如表 7-3 所示。

表 7-3　车床尾座装配质量检测表

序号	检 测 项 目	要　　求	分值	得　　分	备　　注
1	操纵装置	灵活、无阻滞现象	10		
2	套筒夹紧	扳动手柄能夹紧套筒	10		

序号	检测项目	要　　求	分值	得　　分	备　　注
3	尾座体在机床导轨上夹紧	扳动手柄,能把尾座夹紧在机床导轨上	10		
4	尾座装配工艺	不能装反、漏装零件,错一个扣1分	10		
5	总得分		40		

2) 任务评价

完成装配任务,综合评价如表7-4所示。

表 7-4　装配任务综合评价表

学生姓名:　　　　　　班级:　　　　　　　学号:

序号	考核项目		配　　分	自　　评	互　　评	师　　评
1	软技能	积极心态	2			
		职业行为	2			
		团队合作 沟通能力 时间管理 学习能力	6			
2	知识运用		5			
3	装配工艺的编制		10			
4	装配技能		10			
5	装配检查	详见车床尾座装配质量检测表	40			
6	装配思维	执行工艺	5			
		发现问题	5			
		优化方案	5			
7	5S执行情况		5			
8	安全文明生产		5			
9	合计		100			

 知识链接

1. 尾座的作用

机床尾座是车床上的一大部件,它不仅能在加工长轴类零件时作支承用,而且能在尾座套筒中装夹上车刀、钻头等工具用于加工,扩大了机床的加工工艺范围。

2. 尾座部件常见的失效形式及产生原因

(1) 失效形式:尾座的主要作用是支承工件或在尾座顶尖套筒中装上钻头、铰刀、圆板牙等刀具来加工工件,所以尾座部件的主要失效形式是尾座体孔及顶尖套筒的磨损、尾座底板导轨面磨损、尾座丝杠及螺母磨损、尾座套筒内锥面损伤等。这些零件的失效将使车床所用尾座车削零件产生振动,产生圆柱锥度误差,在大修理时应当视各零件磨损的程度,采取不同的修理方案。

(2) 产生原因:修复尾座部件时的重点是修复尾座体的轴孔。尾座体轴孔磨损的情况,包括孔径成椭圆形、孔的前端成喇叭形等,这是由于尾座顶尖套筒承受切削载荷及经常处于夹紧状态下所引起的变形和磨损造成的。不良的润滑和清洁也是套筒磨损的重要原因。内锥孔损伤主要由清洁不良及与其配合的锥体(顶尖、钻头、钻套等)表面质量差造成。

3. 尾座顶尖套筒修理

尾座部件修理时,一般都是先修复尾座体轴孔的精度,然后根据轴孔修复后的实际尺寸单独配制尾座顶尖套筒。如果轴孔的磨损比较轻微,可用刮研的方法进行研磨修正。轴孔磨损严重时,应在修膛后再进行研磨修正,修膛余量严格控制在最小范围内,避免影响尾座部件的刚度。

尾座顶尖套筒磨损严重时,可在原尾座顶尖套筒外径上镀铬,以增大尺寸,达到与轴孔的配合要求。

镀铬修复工艺如下。

(1) 镶键:在键槽中镶入键,作为加工工艺支承用,镶键不能过紧或过松,以轻度敲入为宜,键要高出外径 0.5 mm。

(2) 两端镶堵塞(闷头):镶堵塞的松紧度仍以轻度敲入为宜。校正外径后,两端钻中心孔,使外径的径向圆跳动误差不超过 0.02 mm。

(3) 磨小外径:目的是保持镀铬层的厚度,一般镀层厚度为 0.1~0.15 mm,所以外径的磨小量要依修复后的尾座轴孔实际尺寸而定。

(4) 外径镀铬:保证磨削余量。

(5) 精磨外圆:精磨后的外径应与尾座修复后的轴孔达到 H7/h5 配合,如轴孔仍有微量

直线度误差,则它们的最大配合间隙不得超过 0.02 mm。

4. 尾座体孔的修理

尾座部件的修理一般是先恢复孔的精度,然后根据已修复的孔的实际尺寸配尾座顶尖套筒。由于顶尖套筒受径向载荷并经常处于夹紧状态下工作,容易引起尾座体孔的磨损和变形,使尾座体孔孔径呈椭圆形、孔前端呈喇叭形。在修复时,若孔磨损严重,可在镗床上精镗修正,然后研磨至要求,修镗时需考虑尾座部件的刚度,将镗削余量严格控制在最小范围;若孔磨损较轻时,可采用研磨方法修正。尾座孔修复后应达到:圆度、圆柱度误差不大于 0.01 mm,研磨后的尾座体孔与更换或修复后的尾座顶尖套筒配合为 H7/h6。

顶尖套筒的修理:尾座体孔修磨后,必须配制相应的顶尖套筒才能保证两者间的配合精度。顶尖套筒的配制可根据尾座孔修复情况而定。

(1)当顶尖套筒磨损严重无法采用镗修法修正时,可新制顶尖套筒 ,并增加外径尺寸,达到与尾座体孔配合的要求;

(2)当顶尖套筒磨损较轻、采用研磨方式修正时,可采用研磨原件外径及锥孔后整体镀铬,然后再精车外圆,达到与尾座体孔配合的要求。

尾座顶尖套筒经修配后,精度应达到:套筒外径圆度、圆柱度小于 0.008 mm;锥孔轴线相对外径的径向圆误差小于 0.01 mm;在 300 mm 处小于 0.02 mm;锥孔修复后端面的轴线位移不超过 5 mm。

任务八

箱体零件装配

机械装配中,箱体的零件装配是必不可少的。本任务主要选取轴、联轴器等进行装配。通过典型装配案例,学会装配工艺分析及制定装配流程,根据装配流程,进行轴、联轴器的装配,要求会选择和熟练使用轴承、齿轮、轴的装配工具,使轴、联轴器达到图样上规定的装配要求。

 任务引入

按图 8-1 所示图样的要求,制定装配工艺,并填写在表 8-1 中;规范完成该项目装配任务。任务装配完成后,装配件的位置精度、尺寸精度等符合图样要求。

（a）箱体零件实物图

图 8-1　箱体零件装配实物及图样

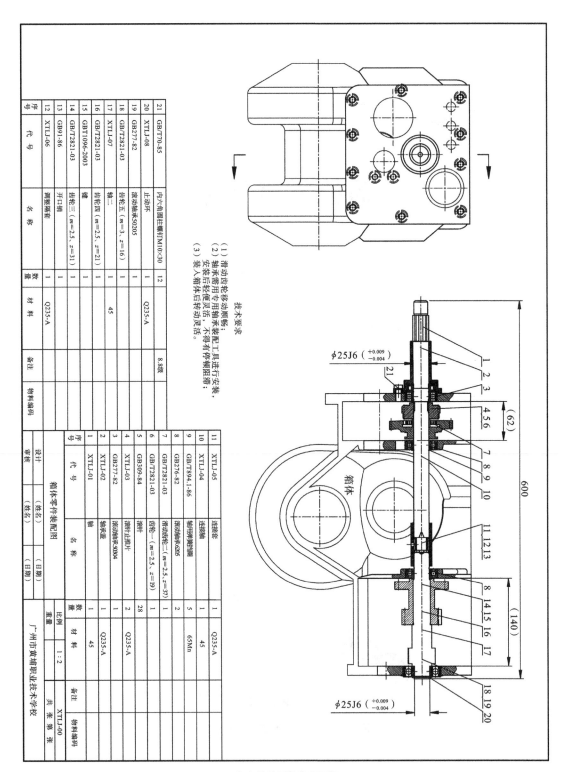

技术要求
(1) 精动齿轮移动顺畅；
(2) 轴承需用专用轴承装配工具进行安装，
安装后轻便灵活，不得有停顿阻滞；
(3) 装入箱体后转动灵活。

序号	代号	名称	数量	材料	备注
21	GB/T70-85	内六角圆柱螺钉M10×30	12		8.8级
20	XTLJ-08	止动环	1	Q235-A	
19	GB277-82	滚动轴承50205	1		
18	GB/T2821-03	齿轮五（m=3，z=16）	1		
17	XTLJ-07	轴二	1	45	
16	GB/T2821-03	齿轮四（m=2.5，z=21）	1		
15	GB/T1096-2003	键	1		
14	GB/T2821-03	齿轮三（m=2.5，z=31）	1		
13	GB91-86	开口销	1		
12	XTLJ-06	调整隔套	1		物料编码

序号	代号	名称	数量	材料	备注
11	XTLJ-05	连接套	1	Q235-A	
10	XTLJ-04	连接轴	1	45	
9	GB276-82	轴用弹簧挡圈	5		
8	GB276-82	滚动轴承6205	2		
7	GB/T2821-03	滑动齿轮二（m=2.5，z=37）	1		
6	GB/T2821-03	齿轮一（m=2.5，z=19）	1		
5	GB309-84	滚针	28	65Mn	
4	GB/T2821-03	滚针止推片	2	Q235-A	
3	GB277-82	滚动轴承6004	1		
2	XTLJ-02	轴承盖	1	Q235-A	
1	XTLJ-01	轴	1	45	

箱体零件装配图

设计	（姓名）	（日期）	
审核	（姓名）	（日期）	
	比例	重量	物料编码
	1：2		

广州市黄埔职业技术学校 | 共 张 第 张 | XTLJ-00

箱体

$\phi 25J6 \left({}^{+0.009}_{-0.004} \right)$

$\phi 25J6 \left({}^{+0.009}_{-0.004} \right)$

（b）箱体零件装配图样

续图 8-1

表 8-1 工序卡

广州市黄埔职业技术学校		箱体零件装配工艺过程卡片	产品型号		零件图号		共 1 页
			产品名称		零件名称		第 1 页
工序号		车间		工段	设备		工序工时	

工步号	工序名称	工步内容	工艺装备	辅助材料	额定工时/min
1					
2					
3					
4					
5					
6					
7					
8					

									设计（日期）	审核（日期）	标准化（日期）	会签（日期）
标记	处数	更改文件号	签字	日期	标记	处数	更改文件号	签字	日期			

 工艺分析

联轴器是由滑动齿轮、滚动轴承、止动环、键、调整隔套、轴用弹簧挡圈、连接套、连接轴、开口销等组成的,工艺分析具体如下。

(1)连接连接轴 17 与轴 1 两端,带动两轴相互传递动力;

(2)轴 17 通过连接套与轴 1 同步;

(3)滑动齿轮 6 滑动到离合器齿轮与之啮合,传递动力输出;

(4)滑动齿轮 6 滑动脱落啮合,使其分离状态,达到离合作用。

 任务实施

1. 装配前准备

1)工、量具准备

箱体零件装配所需使用的工、量具如表 8-2 所示。

表 8-2　箱体零件装配工、量具清单

序号	名　称	规　格	精　度	备　注
1	钢套	200 g		
2	钢锤	500 g		
3	丁字套筒扳手	14#		套装
4	月牙扳手	32#		
5	轴用卡簧钳			
6	钢棒	500 g		
7	活动扳手	18寸		
8	胶钳	8寸		

2)零部件修整与清洗

检查装配件,除去毛刺;对有缺陷的装配件,利用锉刀修锉缺陷部位。修整完成后,擦拭、清理各装配部件,并按 5S 要求,进行分区摆放,做好相应的防护措施。

2. 装配要求

按装配图样进行装配,并按装配要求,调整相应的装配件,达到图样规定位置精度的要求。装配要求如下:

(1)键、滚动轴承和轴用弹性挡圈应装到轴上;

(2)轴组穿入箱体内,并依次将固定齿轮和滚动轴承放到轴上后,再用铜棒敲紧;装上轴用弹性挡圈;

(3)轴用弹性挡圈、滚动轴承、轴用弹性挡圈装到连接轴上;

(4)放上连接套,直接将轴组穿过箱体将滑动齿轮装上,然后将轴承敲紧;在与轴连接处放入调整隔套,并用连接套连接,插入开口销。

3. 装配注意事项

装配过程中,应规范操作,正确使用工、量具,并严格执行 5S 要求。装配需要注意事项如下:

(1)根据组装图、装配要求及操作方法装配连接器轴;

(2)检查滚动轴承是否达到标准位置;

(3)检查连接套滑动是否顺畅、到位;

(4)检查滑动齿轮是否啮合到位。

4. 装配质量检测与任务评价

1)装配质量检测

箱体零件装配完成,其质量检测配分情况如表 8-3 所示。

表 8-3 箱体零件装配质量检测表

序号	检测项目	要　　求	分值	得　　分	备　　注
1	装配完成	装配零件全部到位,无遗漏	10		
2	滚动轴承	滚动轴承卡位稳固,不可移动	10		
3	滑动齿轮啮合	齿轮啮合顺畅,无卡顿现象	5		
4	开口销	转动连接器轴,开口销是否紧固,没有松动、脱落现象	5		
5	装配完成	转动灵活	10		
6	总得分		40		

2)任务评价

完成装配任务,综合评价如表 8-4 所示。

表 8-4　装配任务综合评价表

学生姓名：　　　　　　班级：　　　　　　　学号：

序号	考核项目		配　分	自　评	互　评	师　评
1	软技能	积极心态	2			
		职业行为	2			
		团队合作 沟通能力 时间管理 学习能力	6			
2	知识运用		5			
3	装配工艺的编制		10			
4	装配技能		10			
5	装配检查	详见箱体零件 装配质量检测表	40			
6	装配思维	执行工艺	5			
		发现问题	5			
		优化方案	5			
7	5S 执行情况		5			
8	安全文明生产		5			
9	合计		100			

 知识链接

1. 挡圈

挡圈分为轴用挡圈和孔用挡圈,起限位作用,可以防止其他零件发生轴向窜动。挡圈的成形工艺多采用板材冲切,功能截面呈锥形,装配后多为"线性接触";部分大规格型号的挡圈采用线材缠绕成形,冲切多余材料的工艺制成,截面呈规则矩形,装配后为"面接触"。

1）轴用弹性挡圈

轴用弹性挡圈是一种安装于轴槽上,用作固定零部件的轴向运动的挡圈,这类挡圈的内径比装配轴径稍小,如图8-2所示。安装时须用卡簧钳,将钳嘴插入挡圈的钳孔中,扩张挡圈,才能放入预先加工好的轴槽中。挡圈成品的常规包装以油纸或塑料为一个批次包装,表面一般以磷化发黑为主,俗称外卡。

轴用弹性挡圈生产时需要注意的几方面如下:

（1）表面平整;

（2）硬度弹性合格;

（3）不能有边角毛刺。

图8-2　轴用弹性挡圈

2）孔用弹性挡圈

孔用弹性挡圈安装于圆孔内,用作固定零部件的轴向运动,这类挡圈的外径比装配圆孔直径稍大,如图8-3所示。安装时须使用卡簧钳,将钳嘴插入挡圈的钳孔中,夹紧挡圈,才能放入预先加工好的圆孔内槽。

图8-3　孔用弹性挡圈

2. 平键、花键连接

1）平键连接

（1）工作原理:靠工作面挤压和剪切面受剪切传递转矩,如图8-4所示。

（2）工作特点:工作面为两侧面,对中性较好。

（3）分类:平键分为普通平键、导向键和滑键三种。

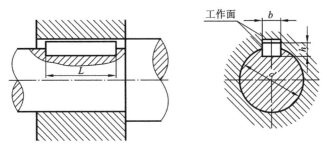

图 8-4　平键连接

普通平键主要用于静连接,按照其端部形状可分为如图 8-5 所示的三种。

图 8-5　普通平键端部形状

A 型:键槽用键槽铣刀加工而成,加工方便;轴向固定性好;但键槽两端应力集中较大,两端圆头不能承载。

B 型:键槽用盘状铣刀加工而成,键槽比键长,轴向固定性不好;但键槽两端应力集中较小,全部键长均可用于承载。

C 型:用于轴端。

导向键主要用于动连接,键的长度大,固定于轴上,可使轴上零件沿轴向滑移。导向键的端部形状有图 8-5 所示的 A 型、B 型两种。

滑键主要用于动连接。

2) 花键连接

(1) 工作特点:承载能力强;对中性好,导向性好;对轴及轮毂强度削弱少;键齿受力均匀;需使用专用设备加工。

(2) 分类:花键分为矩形花键、渐开线花键两种。

矩形花键如图 8-6 所示。其特点是加工方便,易于保证定心的精度,适用于静连接或轻载连接。其定心方式为小径定心(外花键和内花键的小径为配合面,大径处有间隙),因此定心精度高,定心面可磨削,稳定性好。

渐开线花键连接如图 8-7 所示。其特点是齿廓为渐开线,加工方便,齿的根部强度高,应力集中小,承载能力高,对中性好,适用于重载或轴径较大的连接,其定心方式为齿形定心,内、外花键的齿顶和齿根处有间隙。渐开线花键分度圆压力角有 30°(应用较广)和 45°(齿钝而短,适用于载荷较小和直径较小的静连接)两种。

3. 滚针轴承

滚针轴承是带圆柱滚子的滚子轴承,相对其直径,滚子既细又长,这种滚子称为滚针,如图

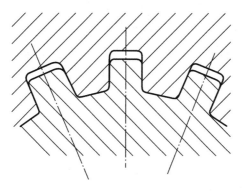

图 8-6　矩形花键

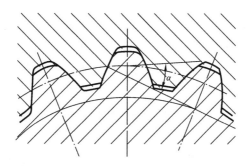

图 8-7　渐开线花键

8-8 所示。这种轴承尽管具有较小的截面,仍具有较高的负荷承受能力,因此,特别适用于径向空间受限制的场合。

图 8-8　滚针轴承

1) 滚针轴承的特点及用途

滚针轴承装有细而长的滚子(滚子直径 $D \leqslant 5$ mm,$L/D \geqslant 2.5$,L 为滚子长度),因此径向结构紧凑,其内径尺寸和载荷能力与其他类型轴承相同时,外径最小,特别适用于径向安装尺寸受限制的支承结构。根据使用场合不同,可选用无内圈的轴承或滚针和保持架组件,此时与轴承相配的轴颈表面和外壳孔表面直接作为轴承的内、外滚动表面,为保证载荷能力和运转性能与有套圈轴承相同,轴颈表面或外壳孔滚道表面的硬度、加工精度和表面质量应与轴承套圈的滚道的相仿。此种轴承仅能承受径向载荷。

2)注意事项

滚针轴承承载能力大,适用于安装尺寸受限制的支承结构,轴颈表面经淬硬作为滚动面,轴承用压入配合方式装入座孔中,无须再对它进行轴向定位。

轴承在安装前应注入适量的润滑脂,通常情况下,装配后不用再润滑。BK 型轴承用于轴颈无伸出端的支承中,端面封闭起密封作用,并能承受小的轴向游动。

3)损坏原因

大体上来说,有 33.3% 的滚针轴承是由于疲乏导致损坏,33.3% 的滚针轴承则是由于润滑不良导致损坏,另外 33.3% 是由于污染物进入轴承或设备处置不当导致损坏。

微尘的影响:清洁轴承及周边环境,肉眼看不见的细微尘土都是导致轴承损坏的强力杀手,它可以增加轴承的磨损、振动和噪声。

冲压的影响:在运用设备时形成强力冲压或使用锤直接敲击轴承都有可能导致滚针轴承损坏。

非专业工具安装的影响:尽量应用专用工具,可以避免损坏滚针轴承。滚针轴承无论在试验室试验还是在实习应用中,都可明显地看到,在相同的作业条件下的外观相同滚针轴承,实际它的使用寿命有很大差别。

4)滚针轴承的拆卸方法

(1)敲击法:敲击力一般加在轴承内圈,屏蔽机房敲击力不应加在轴承的滚动体和保持架上,此法简单易行,但容易损伤轴承,当轴承位于轴的末端时,用小于轴承内径的铜棒或其他软金属材料抵住轴端,轴承下部加垫块,用手锤轻轻敲击,即可拆下。应用此法应注重垫块放置的位置要适当,着力点应正确。

(2)热拆法:用于拆卸紧配合的轴承。先将加热至 100 ℃ 左右的机油用油壶浇注在待拆的轴承上,待轴承圈受热膨胀后,即可用拉具将轴承拉出。

(3)推压法:用压力机推压轴承,工作平稳可靠,不损伤机器和轴承屏蔽机房。压力机有手动推压、机械式推压或液压式压力机推压三种。

注重事项:压力机着力点应在轴的中心上,不得压偏。

(4)拉出法:采用专门拉具拉出拆卸的方法 。拆卸时,只要旋转手柄,轴承就会被慢慢拉出来。拆卸轴承外圈时,拉具两脚弯角应向外张开;拆卸轴承内圈时,拉具两脚应向内卡于轴承内圈端面上。

参 考 文 献

[1] 孙晓华,曹洪利.装配钳工工艺与实训(任务驱动模式)[M].北京:机械工业出版社,2013.

[2] 彭敏,毕亚峰.机械装调基本技能[M].北京:高等教育出版社,2013.

[3] 徐兵.机械装配技术[M].北京:中国轻工业出版社,2005.

[4] 朱宇钊,洪文仪.装配钳工[M].北京:机械工业出版社,2014.

[5] 李学京.机械制图和技术制图国家标准学用指南[M].北京:中国标准出版社,2013.